Word Excel PPT PS PDF

文件处理 思维导图

电脑加速 故障维修 办公应用8合1

冷雪峰◎主编

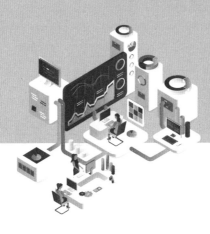

CTS K 湖南科学技术出版社 · 长沙

图书在版编目（ＣＩＰ）数据

Word Excel PPT PS PDF 文件处理 思维导图 电脑加速 故障维修：办公应用 8 合 1 / 冷雪峰主编 . — 长沙：湖南科学技术出版社，2024.1
ISBN 978-7-5710-2559-5

Ⅰ．①W… Ⅱ．①冷… Ⅲ．①电子计算机—基本知识 Ⅳ．① TP3

中国国家版本馆 CIP 数据核字 (2023) 第 248409 号

Word Excel PPT PS PDF WENJIAN CHULI SIWEI DAOTU DIANNAO JIASU GUZHANG WEIXIU BANGONG YINGYONG 8 HE 1

Word Excel PPT PS PDF 文件处理 思维导图 电脑加速 故障维修 办公应用 8 合 1

主　　编：冷雪峰
出 版 人：潘晓山
责任编辑：杨　林
出版发行：湖南科学技术出版社
社　　址：湖南省长沙市开福区芙蓉中路一段 416 号泊富国际金融中心 40 楼
网　　址：http://www.hnstp.com
印　　刷：唐山楠萍印务有限公司
　　　　　（印装质量问题请直接与本厂联系）
厂　　址：唐山市芦台经济开发区场部
邮　　编：063000
版　　次：2024 年 1 月第 1 版
印　　次：2024 年 1 月第 1 次印刷
开　　本：710mm×1000mm　1/16
印　　张：15
字　　数：270 千字
书　　号：ISBN 978-7-5710-2559-5
定　　价：59.00 元

无论是在生活中，还是在学习或者工作中，计算机已经成为我们处理日常事务的必不可少的工具之一，熟练使用基本的办公软件也是每个职场人的必备技能之一。如果广大职场人员能够熟练掌握使用办公软件的技能，必然能大大提高工作效率，赢得领导的赞许。

为了让初入职场，对计算机办公软件还不熟悉的职场新人快速提高办公技能，本书分别对 Word、Excel、PowerPoint、Photoshop、PDF 文档处理、思维导图、电脑加速以及故障维修进行了系统而全面地讲解。

本书总共分为 8 章，主要介绍了 Word 文档的使用方法，制作 Excel 表格、用 Excel 处理数据，使用 PowerPoint 制作、放映幻灯片，Photoshop 编辑、修饰图像的方法，用 Adobe Acrobat 处理 PDF 文档，用 XMind 绘制思维导图，用安全软件清理电脑垃圾、卸载软件，以及常见电脑故障的诊断与维修。

本书主要有以下特点：

◆ 从零学习，快速上手

本书在编写的时候充分考虑到初学者的接受水平，使用通俗易懂的语言，从最基本的操作方法讲起，即便是没有任何经验的初学者，都能看懂、学会。

◆ 一步一图，图文并茂

本书在介绍具体的操作步骤时，给每一个操作步骤都配了相应的插图，使读者在学习过程中能够直观地看到操作效果。这种方式能把复杂的操作技能简单化、直观化，学习起来更加轻松。

◆ 技巧补充，查缺补漏

本书在详细讲解操作步骤的同时，穿插了一些"实用贴士"栏目，补充了一些更好的操作技巧和注意事项等，可以帮助初学者少走弯路。

◆ 覆盖面广，实用性强

本书内容涵盖 Word、Excel、PowerPoint、Photoshop、PDF 文档处理、思维导图、电脑加速以及故障维修等多个方面的内容，这些软件与实际办公需求高度相符，实用性强。

希望本书能够成为读者学习电脑办公应用软件的良师益友，为读者在办公中提供便利，帮助读者在职场中取得更加出色的表现。相信通过学习本书，读者不仅可以快速掌握电脑办公应用软件的相关技能，还能领悟出一些技巧和窍门，最终找到适合自己的办公方式，提高工作效率和质量，促进个人的职业发展。

在本书编写过程中，笔者尽力保证内容的准确性和全面性，但由于笔者水平有限以及时间限制，难免存在一些不足之处。因此，笔者非常希望读者能够提出宝贵的意见和建议，帮助笔者不断改进和完善本书，以便更好地满足读者的需求。同时，笔者也会认真倾听读者的反馈意见，不断改进和升级本书的内容和质量，让读者获得更好的学习体验和使用效果。

目 录
CONTENTS

第3章　PPT办公应用

第4章　PS应用

第6章 思维导图

第5章 PDF文档处理

Chapter

01

第 1 章

Word办公
应用

导读 ▷

Word是微软公司推出的一款强大的文字处理软件，被广泛用于制作合同、修改方案、制作标书、制作简历以及各种报告等，使用该软件可以轻松地输入和编辑文档。本章将详细介绍Word的主要功能。通过学习本章，读者能快速掌握Word在办公方面的技巧。

学习要点：★掌握Word文档的基本操作方法
　　　　　★掌握字体与段落格式的设置方法
　　　　　★熟练使用图像、艺术字及表格优化
　　　　　Word文档
　　　　　★掌握文档页面设置和打印的方法

1.1 Word文档的基本操作

Word 文档是一个功能强大的文字处理软件，无论在学习还是办公中，经常会用到它，学习好它，有助于高效地完成工作。

1.1.1 认识Word文档

Word 文档可以用来处理文字、图片、图形等多种类型的文件，并把这些文件按照一定的形式排版。打开 Word，即可进入工作界面，如图 1-1 所示。

图 1-1

1.1.2 创建空白文档

使用 Word 文档的第一步就是创建空白文档，操作步骤如下：

1 启动Word，在Word【开始】界面，单击【空白文档】选项，即可建立新文档，如图1-2所示。

2 如要继续创建空白文档，可以单击【文件】选项卡，再单击左侧的【新建】按钮，在右侧的【新建】界面选择【空白文档】选项，如图1-3所示。

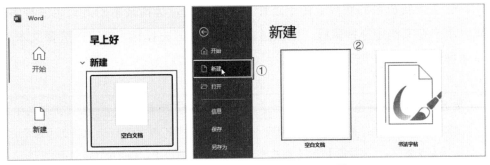

图 1-2　　　　　　　　　　　　　　　　图 1-3

1.1.3 输入、选择文本

1.输入文本

新建文档之后，就可以选择输入法，在文档里输入文本了，如图 1-4 所示。要想在文本的不同位置插入其他文本，只需要将光标定位到相应的位置即可。

图 1-4

在输入文本的过程中，随着文本的输入光标自动向右移动，当输入满一行时，会自动跳转到下一行。如果输入文本未满一行，就需要另起一行的，按【Enter】键换行，同时上一段段尾会出现段落标记，如图 1-5 所示。

图 1-5

2.选择文本

在编辑文本之前，还需要选择文本，被选中的文本与未被选中的文本相比，会有一层灰色的底纹。由于工作需求的不同，选择文本的方式也多种多样。用户在文档中拖拽鼠标，或通过单击、双击、三击鼠标，就可以选择文本。具体操作见表 1–1 所示。

表 1–1

要选定的文本	具体操作方法
一个单词或词组	直接双击该单词或词组，如双击“月亮”就会选中它，如图 1–6 所示。
一句文本	按住【Ctrl】键并单击该句中的任意位置，即可选择该句话。
一行文本	将鼠标指针移动至该行左侧空白处，当其变成箭头形状时单击，即可选择该行文本，如图 1–7 所示。
一段文本	只需在需要选择的段落中任意位置快速单击鼠标左键三次，便可选中该段文本。
连续文本	在需要选择的文本开始位置按住鼠标左键不放，并拖动鼠标至需要选择的文本结束处释放鼠标即可。
不连续文本	首先选择第一个文本，然后按住【Ctrl】键不放，依次选择其他文本，完成后释放【Ctrl】键即可，如图 1–8 所示。
整篇文档	将鼠标指针移动到文档左侧空白处，当其变成箭头形状时，连续单击鼠标左键三次，或按【Ctrl+A】组合键即可选择整篇文档。
矩形文本	按住【Alt】键不放，然后按住鼠标左键拖动即可，如图 1–9 所示。

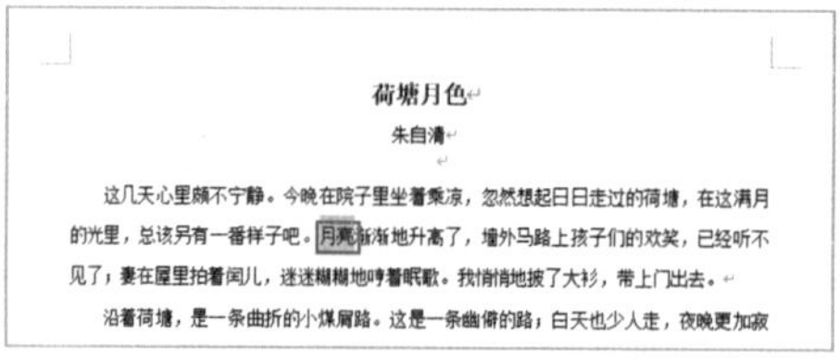
荷塘月色
朱自清
这几天心里颇不宁静。今晚在院子里坐着乘凉，忽然想起日日走过的荷塘，在这满月的光里，总该另有一番样子吧。月亮渐渐地升高了，墙外马路上孩子们的欢笑，已经听不见了；妻在屋里拍着闰儿，迷迷糊糊地哼着眠歌。我悄悄地披了大衫，带上门出去。
沿着荷塘，是一条曲折的小煤屑路。这是一条幽僻的路；白天也少人走，夜晚更加寂

图 1–6

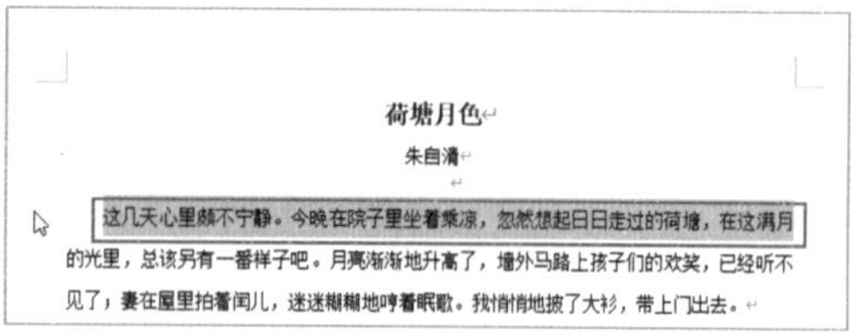
荷塘月色
朱自清
这几天心里颇不宁静。今晚在院子里坐着乘凉，忽然想起日日走过的荷塘，在这满月的光里，总该另有一番样子吧。月亮渐渐地升高了，墙外马路上孩子们的欢笑，已经听不见了；妻在屋里拍着闰儿，迷迷糊糊地哼着眠歌。我悄悄地披了大衫，带上门出去。

图 1–7

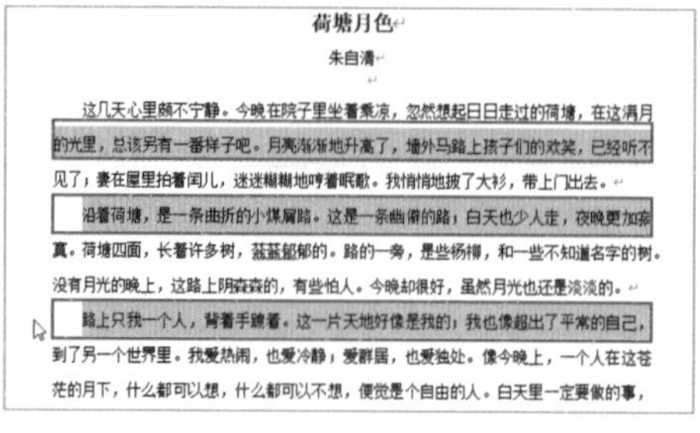
荷塘月色
朱自清
这几天心里颇不宁静。今晚在院子里坐着乘凉，忽然想起日日走过的荷塘，在这满月的光里，总该另有一番样子吧。月亮渐渐地升高了，墙外马路上孩子们的欢笑，已经听不见了；妻在屋里拍着闰儿，迷迷糊糊地哼着眠歌。我悄悄地披了大衫，带上门出去。
沿着荷塘，是一条曲折的小煤屑路。这是一条幽僻的路；白天也少人走，夜晚更加寂寞。荷塘四面，长着许多树，蓊蓊郁郁的。路的一旁，是些杨柳，和一些不知道名字的树。没有月光的晚上，这路上阴森森的，有些怕人。今晚却很好，虽然月光也还是淡淡的。
路上只我一个人，背着手踱着。这一片天地好像是我的；我也像超出了平常的自己，到了另一个世界里。我爱热闹，也爱冷静；爱群居，也爱独处。像今晚上，一个人在这苍茫的月下，什么都可以想，什么都可以不想，便觉是个自由的人。白天里一定要做的事，

图 1–8

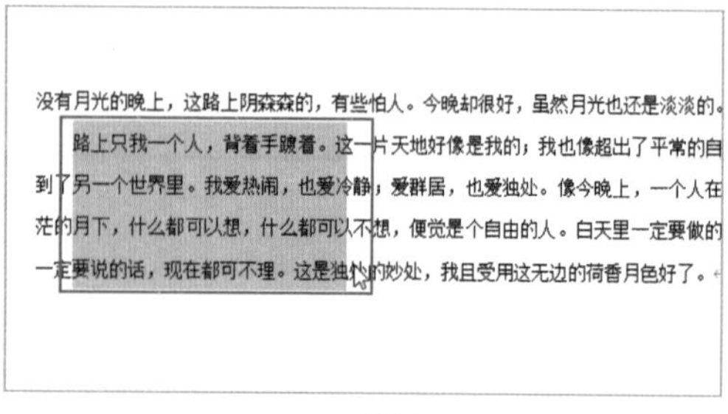
没有月光的晚上，这路上阴森森的，有些怕人。今晚却很好，虽然月光也还是淡淡的。
路上只我一个人，背着手踱着。这一片天地好像是我的；我也像超出了平常的自己，到了另一个世界里。我爱热闹，也爱冷静；爱群居，也爱独处。像今晚上，一个人在这苍茫的月下，什么都可以想，什么都可以不想，便觉是个自由的人。白天里一定要做的事，一定要说的话，现在都可不理。这是独处的妙处，我且受用这无边的荷香月色好了。

图 1–9

1.1.4　复制、剪切文本

当需要多次输入相同的文本时，通过复制文本可以迅速完成，操作步骤如下：

1 选择所要复制的文字，单击鼠标右键，在弹出的快捷菜单中选择【复制】命令，如图1-10所示。

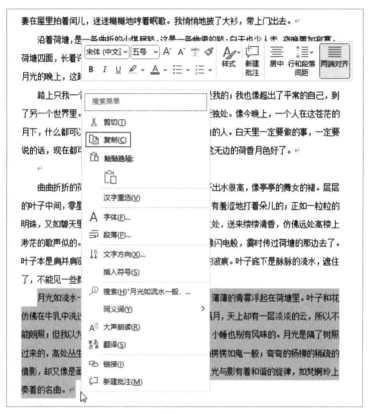

图 1-10

2 打开一个新建的文档，在光标闪动的地方单击鼠标右键，弹出一个快捷菜单，如图1-11所示。在弹出的快捷菜单中选择【粘贴选项】中的【保留源格式】命令，如图1-12所示。

图 1-11

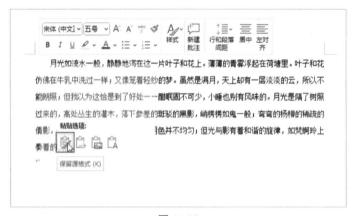

图 1-12

剪切文本与复制文本不同的是，剪切的文本会在原文本中被删除掉，具体操作步骤如下：

1 选择所要剪切的文字，单击鼠标右键，在弹出的快捷菜单中选择【剪切】命令，如图1-13所示。

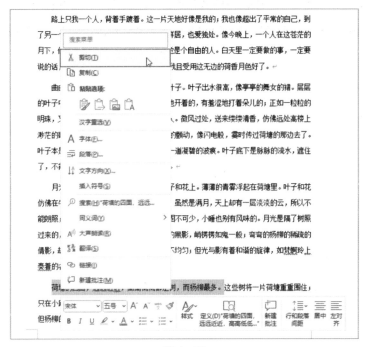

图 1-13

2 打开一个新建的文档，在光标闪动的地方单击鼠标右键，在弹出的快捷菜单中选择【粘贴选项】中的【保留源格式】命令，如图1-14所示。

图 1-14

3 原文本中被剪切的文本已经不在原来的位置了，如图1-15所示。

这些树将一片荷塘重重围住；只在小路一旁，漏着几段空隙，像是特为月光留下的。树色一例是阴阴的，乍看像一团烟雾；但杨柳的丰姿，便在烟雾里也辨得出。树梢上隐隐约约的是一带远山，只有些大意罢了。树缝里也漏着一两点路灯光，没精打采的，是渴睡人的眼。

图 1-15

此外，运用快捷键能快速执行复制、剪切命令，复制文本的组合键是【Ctrl+C】，剪切文本的组合键是【Ctrl+X】，粘贴文本的组合键是【Ctrl+V】。

1.1.5 查找、替换文本

如果文章中的某个词错误需要修改，且它在文中大量出现，一个一个修改，工作量大，而且容易漏改。这种情况下使用 Word 中的查找与替换文本功能，可准确高效地完成修改。

1.查找文本

查找文本功能可以将要查找的文本内容显示出来，并且不遗漏，操作步骤如下：

1 打开要查找的文档，在【开始】选项卡下，单击【编辑】选项组中的【查找】按钮，如图1-16所示。

图 1-16

2 这时文档左侧会弹出【导航】窗格，在文本框中输入要查找的内容，如"荷塘"，【导航】窗格中就会显示该文本所在的位置，如图1-17所示，在文档中"荷塘"会有黄色底纹显示，如图1-18所示。

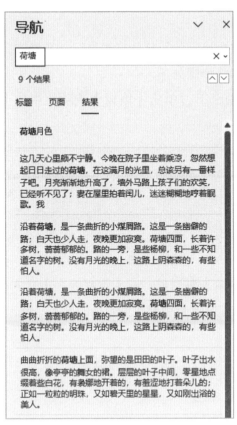

图 1-17

图 1-18

2.替换文本

如果需要对文本中出现的同样的文本进行批量修改，可以先找到该文本，再对其进行替换，操作步骤如下：

1 在【开始】选项卡下，单击【编辑】选项组中的【替换】按钮，如图1-19所示。

图 1-19

2 弹出【查找和替换】对话框，在【查找内容】文本框中输入要查找的文本，在【替换为】文本框中输入要替换的文本，单击【全部替换】按钮，如图1-20所示。

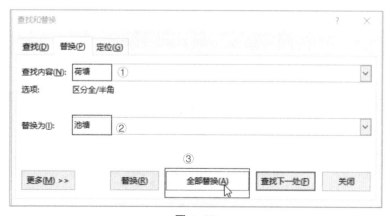

图 1-20

3 弹出【Microsoft Word】提示对话框，单击【确定】按钮即可完成对文本的全部替换，如图1-21所示。

图 1-21

4 返回【查找和替换】对话框，单击【关闭】按钮即可，如图1-22所示。

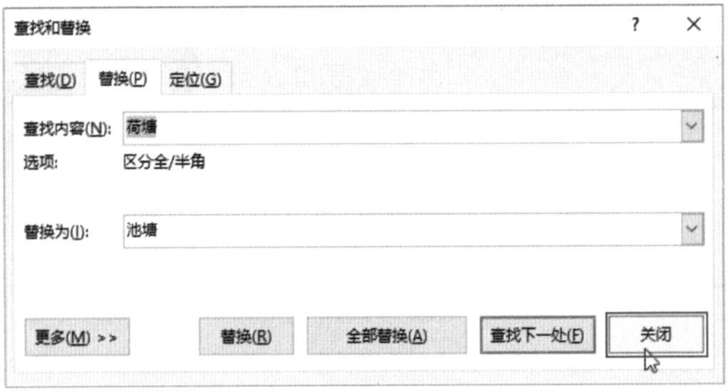

图 1-22

当文本中出现大量空行时，要想尽快删除这些行，可以用【查找和替换】命令来完成。打开【查找和替换】对话框，在【查找内容】文本框中输入"^p^p"，在【替换为】文本框中输入"^p"，单击【全部替换】按钮，即可将空行全部删除。

1.2 设置字体与段落格式

文本格式包括字体格式和段落格式，对输入文本的字体、段落进行设置，可使文档更加整齐、美观。

1.2.1 设置字体格式

字体格式包括字体、字号、字体颜色、加粗、倾斜、上标、下标等，设置字体格式的操作步骤如下：

1 选定要设置的文本，在【开始】选项卡下，单击【字体】选项组中的对话框启动按钮，如图1-23所示。

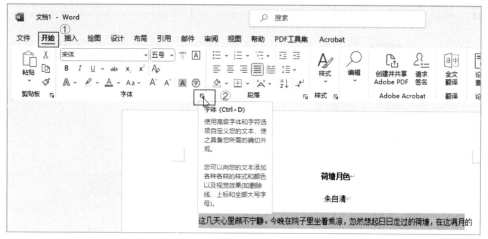

图 1-23

2 弹出【字体】对话框，在【字体】选项卡下，单击【中文字体】右侧的下拉按钮，在其下拉列表中选择【方正黑体_GBK】选项，【字形】默认为【常规】选项，在【字号】列表框中选择【四号】选项，在【字体颜色】下拉列表中选择【红色】选项，然后在【下划线线型】下拉列表中选择【双下划线】选项，如图1-24所示。

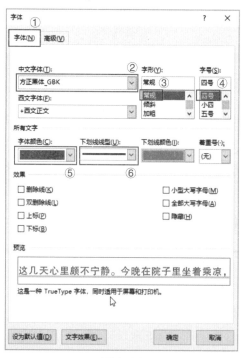

图 1-24

3　在【高级】选项卡下，单击【字符间距】栏中【间距】右侧的下拉按钮，在其下拉列表中选择【加宽】选项，在其后的【磅值】数值框中输入"2磅"，单击【确定】按钮，如图1-25所示。

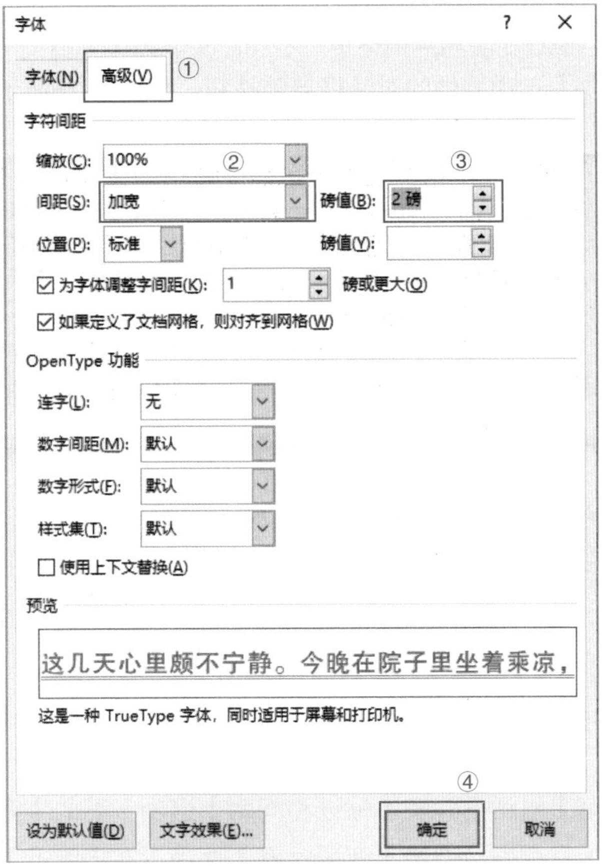

图 1-25

4　返回文档，设置后的效果如图1-26所示。

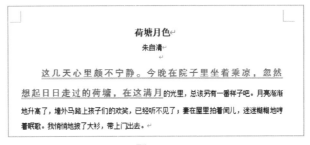

图 1-26

1.2.2 **设置段落格式**

为了方便阅读，有时会对文档的段落格式有一定的要求，这时可以通过【段落】对话框对文档的段落格式进行设置，操作步骤如下：

1 打开文档，选择需要调整的段落，如图1-27所示，在【开始】选项卡下，单击【段落】选项组中的对话框启动按钮，如图1-28所示。

沿着荷塘，是一条曲折的小煤屑路。这是一条幽僻的路；白天也少人走，夜晚更加寂寞。荷塘四面，长着许多树，蓊蓊郁郁的。路的一旁，是些杨柳，和一些不知道名字的树。没有月光的晚上，这路上阴森森的，有些怕人。今晚却很好，虽然月光也还是淡淡的。↵
路上只我一个人，背着手踱着。这一片天地好像是我的；我也像超出了平常的自己，到了另一个世界里。我爱热闹，也爱冷静；爱群居，也爱独处。像今晚上，一个人在这苍茫的月下，什么都可以想，什么都可以不想，便觉是个自由的人。白天里一定要做的事，一定要说的话，现在都可不理。这是独处的妙处，我且受用这无边的荷香月色好了。↵

图 1-27

图 1-28

2 弹出【段落】对话框，在【缩进和间距】选项卡下的【常规】栏的【对齐方式】下拉列表中选择【两端对齐】选项；在【缩进】栏的【特殊】下拉列表中选择【首行】选项，【缩进值】默认为【2字符】；在【间距】栏中，设置【段前】【段后】分别为【0.5行】，设置【行距】为【1.5倍行距】，最后单击【确定】按钮，如图1-29所示。

3 返回文档，设置后的效果如图1-30所示。

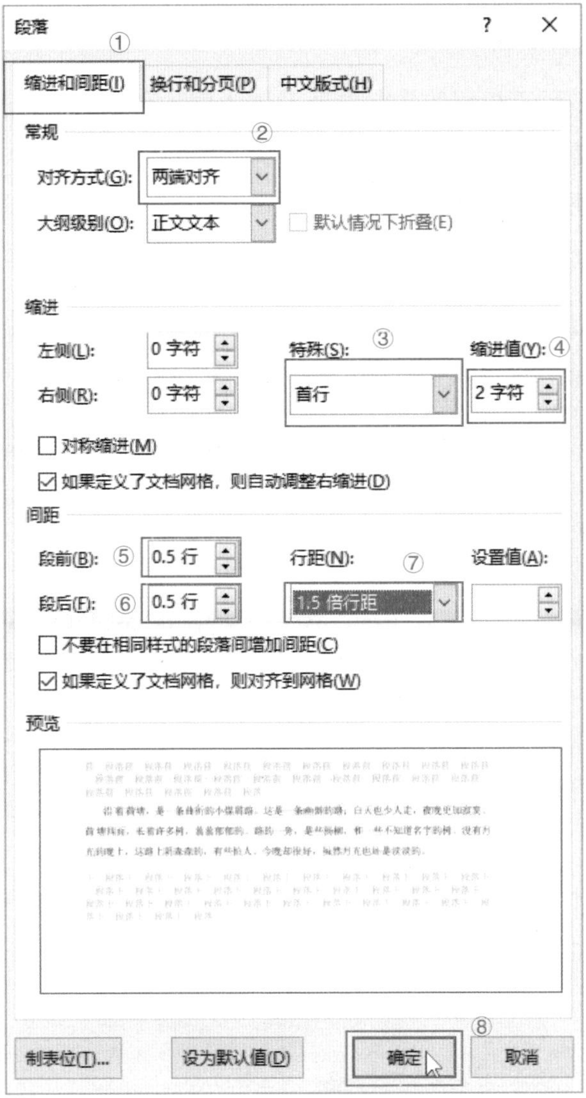

段落 ①   ?   ✕

缩进和间距(I)   换行和分页(P)   中文版式(H)

常规   ②

对齐方式(G):   两端对齐 ▾

大纲级别(O):   正文文本 ▾   □ 默认情况下折叠(E)

缩进

左侧(L): 0 字符 ⬍   特殊(S): ③   缩进值(Y): ④

右侧(R): 0 字符 ⬍   首行 ▾   2 字符 ⬍

☐ 对称缩进(M)

☑ 如果定义了文档网格，则自动调整右缩进(D)

间距

段前(B): ⑤ 0.5 行 ⬍   行距(N): ⑦   设置值(A):

段后(F): ⑥ 0.5 行 ⬍   1.5 倍行距 ▾   ⬍

☐ 不要在相同样式的段落间增加间距(C)

☑ 如果定义了文档网格，则对齐到网格(W)

预览

制表位(T)...   设为默认值(D)   ⑧ 确定   取消

图 1-29

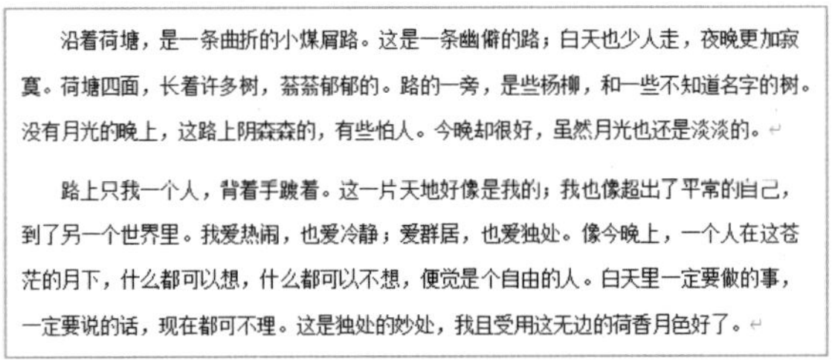

　　沿着荷塘，是一条曲折的小煤屑路。这是一条幽僻的路；白天也少人走，夜晚更加寂寞。荷塘四面，长着许多树，蓊蓊郁郁的。路的一旁，是些杨柳，和一些不知道名字的树。没有月光的晚上，这路上阴森森的，有些怕人。今晚却很好，虽然月光也还是淡淡的。

　　路上只我一个人，背着手踱着。这一片天地好像是我的；我也像超出了平常的自己，到了另一个世界里。我爱热闹，也爱冷静；爱群居，也爱独处。像今晚上，一个人在这苍茫的月下，什么都可以想，什么都可以不想，便觉是个自由的人。白天里一定要做的事，一定要说的话，现在都可不理。这是独处的妙处，我且受用这无边的荷香月色好了。

图 1-30

1.2.3 快速复制格式

文档中有多段不相邻的文字需要设置为同一种格式，逐一进行设置会花费很多时间和精力，用格式刷会便捷许多，其操作步骤如下：

1 选中已设置好格式的文本中的部分文字，在【开始】选项卡下，单击【剪贴板】选项组中的【格式刷】按钮，如图1-31所示。

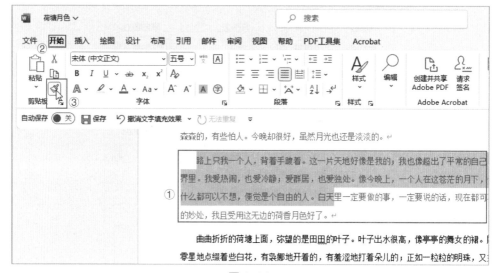

图 1-31

2 当鼠标指针变为刷子形状时，将鼠标指针移动到需要复制格式的文本开始位置，如图1-32所示。

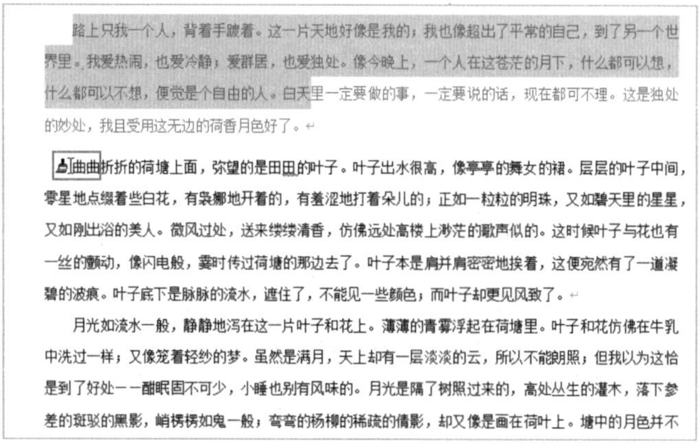

图 1-32

3 按住鼠标左键不放，然后拖动至需要复制格式的文本结尾处，如图1–33所示，最终效果如图1–34所示。

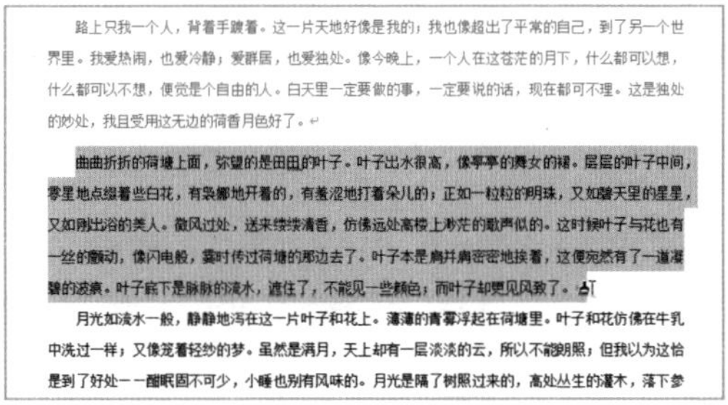
路上只我一个人，背着手踱着。这一片天地好像是我的；我也像超出了平常的自己，到了另一个世界里。我爱热闹，也爱冷静；爱群居，也爱独处。像今晚上，一个人在这苍茫的月下，什么都可以想，什么都可以不想，便觉是个自由的人。白天里一定要做的事，一定要说的话，现在都可不理。这是独处的妙处，我且受用这无边的荷香月色好了。

曲曲折折的荷塘上面，弥望的是田田的叶子。叶子出水很高，像亭亭的舞女的裙。层层的叶子中间，零星地点缀着些白花，有袅娜地开着的，有羞涩地打着朵儿的；正如一粒粒的明珠，又如碧天里的星星，又如刚出浴的美人。微风过处，送来缕缕清香，仿佛远处高楼上渺茫的歌声似的。这时候叶子与花也有一丝的颤动，像闪电般，霎时传过荷塘的那边去了。叶子本是肩并肩密密地挨着，这便宛然有了一道凝碧的波痕。叶子底下是脉脉的流水，遮住了，不能见一些颜色；而叶子却更见风致了。

月光如流水一般，静静地泻在这一片叶子和花上。薄薄的青雾浮起在荷塘里。叶子和花仿佛在牛乳中洗过一样；又像笼着轻纱的梦。虽然是满月，天上却有一层淡淡的云，所以不能朗照；但我以为这恰是到了好处——酣眠固不可少，小睡也别有风味的。月光是隔了树照过来的，高处丛生的灌木，落下参

图 1–33

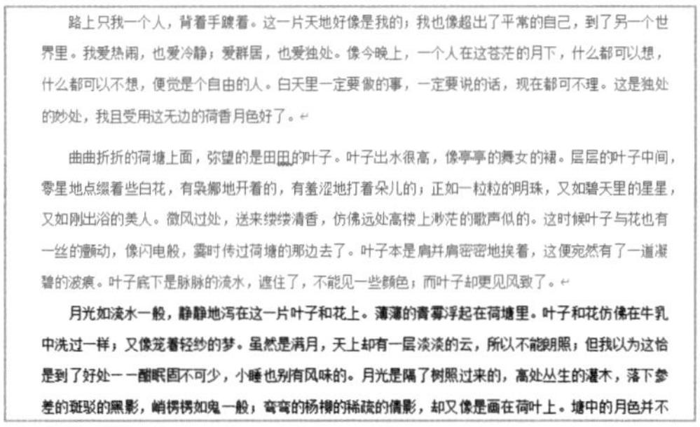
路上只我一个人，背着手踱着。这一片天地好像是我的；我也像超出了平常的自己，到了另一个世界里。我爱热闹，也爱冷静；爱群居，也爱独处。像今晚上，一个人在这苍茫的月下，什么都可以想，什么都可以不想，便觉是个自由的人。白天里一定要做的事，一定要说的话，现在都可不理。这是独处的妙处，我且受用这无边的荷香月色好了。

曲曲折折的荷塘上面，弥望的是田田的叶子。叶子出水很高，像亭亭的舞女的裙。层层的叶子中间，零星地点缀着些白花，有袅娜地开着的，有羞涩地打着朵儿的；正如一粒粒的明珠，又如碧天里的星星，又如刚出浴的美人。微风过处，送来缕缕清香，仿佛远处高楼上渺茫的歌声似的。这时候叶子与花也有一丝的颤动，像闪电般，霎时传过荷塘的那边去了。叶子本是肩并肩密密地挨着，这便宛然有了一道凝碧的波痕。叶子底下是脉脉的流水，遮住了，不能见一些颜色；而叶子却更见风致了。

月光如流水一般，静静地泻在这一片叶子和花上。薄薄的青雾浮起在荷塘里。叶子和花仿佛在牛乳中洗过一样；又像笼着轻纱的梦。虽然是满月，天上却有一层淡淡的云，所以不能朗照；但我以为这恰是到了好处——酣眠固不可少，小睡也别有风味的。月光是隔了树照过来的，高处丛生的灌木，落下参差的斑驳的黑影，峭楞楞如鬼一般；弯弯的杨柳的稀疏的倩影，却又像是画在荷叶上。塘中的月色并不

图 1–34

1.3 插入图像、艺术字和表格

除了可以对文档进行格式设置，还可以在文档中插入图像、艺术字和表格，使文档图文并茂，生动而吸引人。

1.3.1 插入和编辑图片

Word 支持 JPEG、PNG 及 GIF 等多种图片格式，在文档中插入和编辑图片的操作步骤如下：

1 打开文档，将鼠标指针移动到需要插入图片的位置，在【插入】选项卡

下单击【插图】选项组中的【图片】下拉按钮，在其下拉列表中选择【此设备】选项，如图1-35所示。

图 1-35

2 弹出【插入图片】对话框，选择需要插入的图片，单击【插入】按钮，如图1-36所示。

图 1-36

③ 即可在文档中插入该图片，另外，选中该图片，将鼠标指针移动到图片周围的控制点，当鼠标指针变为双箭头形状时，按住鼠标左键可调整图片至合适大小，如图1-37所示。

图 1-37

④ 保持图片选中状态，在【图片格式】选项卡下，单击【图片样式】选项组中的【其他】按钮，在展开的列表中选择一种样式，如【松散透视，白色】，如图1-38所示。

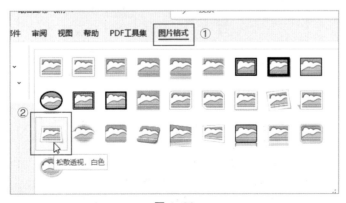

图 1-38

⑤ 效果如图1-39所示。

图 1-39

6 通过图像周围的控制按钮，调小图片，单击图片右上角出现的【布局选项】按钮，在弹出的菜单中设置文字环绕方式，此处选择【四周型】，如图1-40所示。

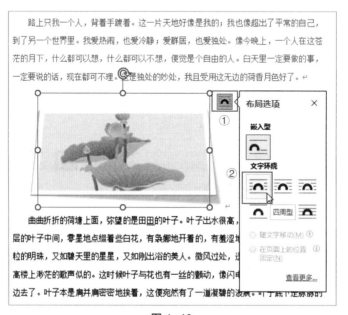

图 1-40

7 返回文档，设置后的效果如图1-41所示。

图 1-41

1.3.2 插入和编辑艺术字

如果 Word 文档中需要特殊的文字效果，可以在文档中插入艺术字，从而达到美观、醒目的目的，操作步骤如下：

1 将鼠标指针移动到需要插入艺术字的位置，在【插入】选项卡下，单击【文本】选项组中的【艺术字】下拉按钮，在下拉列表中选择艺术字样式，如图1-42所示。

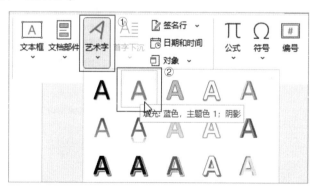

图 1-42

2 此时文档中出现一个艺术字文本框，占位符【请在此放置您的文字】为选中状态，如图1-43所示，可以在文本框中直接输入需要的艺术字内容，这里我们输入"荷塘月色"四个字。

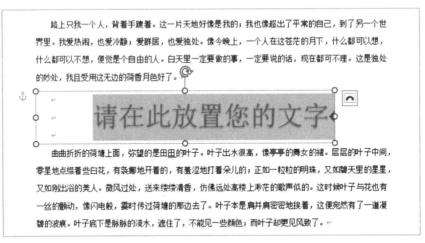

图 1-43

3 在【开始】选项卡下，设置艺术字的【字体】为【方正黑体_GBK】，【字号】为【一号】，如图1-44所示。

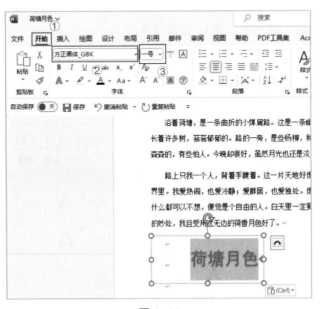

图 1-44

④ 将鼠标指针放到艺术字边框上，当鼠标指针变为【 ✛ 】形状时，按住鼠标
左键不放，将艺术字拖动至合适位置，如图1-45所示。

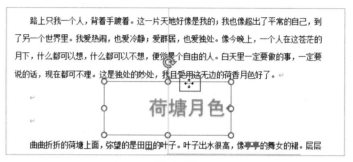

图 1-45

⑤ 保持艺术字选中状态，在【形状格式】选项卡下，单击【艺术字样式】
选项组中的【文本填充】下拉按钮，在其下拉列表中选择一种填充颜色，
如图1-46所示。

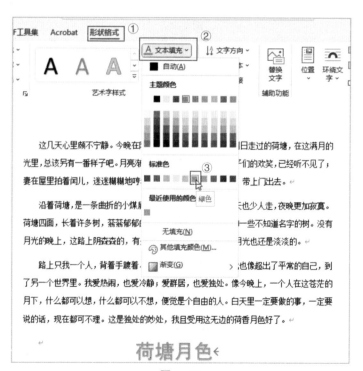

图 1-46

⑥ 单击【艺术字样式】选项组中的【文本轮廓】下拉按钮，在其下拉列表
中选择一种轮廓颜色，如图1-47所示。

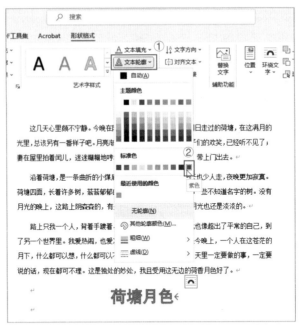

图 1-47

7 单击【艺术字样式】选项组中的【文本效果】下拉按钮，在其下拉列表中选择一种文字效果，如【转换】，在其子列表中选择一种转换样式，如【拱形：下】，如图1-48所示。

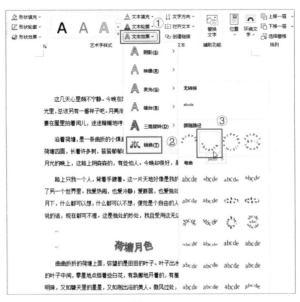

图 1-48

8　返回文档，设置后的效果如图1-49所示。

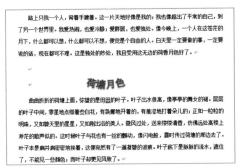

图 1-49

1.3.3 插入和编辑表格

1.插入表格

在 Word 中，为了说明问题，有时要插入表格，操作步骤如下：

1　将鼠标指针移动到需要插入表格的位置，在【插入】选项卡下，单击【表格】选项组中的【表格】下拉按钮，在其下拉列表中有一个"10×8"的虚拟表格，根据需要移动鼠标选择表格的行、列值，如将鼠标指针指向坐标为8列6行的单元格，如图1-50所示。

图 1-50

2️⃣ 单击鼠标左键，即可在文档中插入一个8列6行且为固定列宽的表格，如图1-51所示。

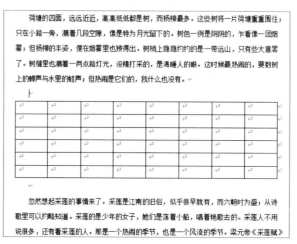

图 1-51

2.编辑表格

表格创建完毕之后，根据具体的情况，还需要对表格进行编辑。编辑表格的操作步骤如下：

1️⃣ 在要插入的行或列的单元格中，单击鼠标右键，在弹出的快捷菜单中选择【插入】→【在左侧插入列】，命令如图1-52所示。

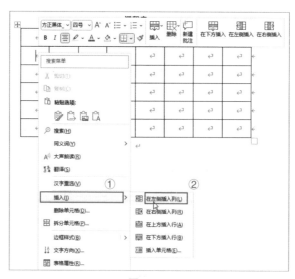

图 1-52

② 这时在单元格左侧就被插入了一列，如图1-53所示。

图 1-53

插入行与插入列的操作方式类似，这里就不再赘述。

删除行的操作步骤如下：

① 先选择要删除的行，单击鼠标右键，在弹出的快捷菜单中选择【删除行】命令，如图1-54所示。

② 表格被删除行之后的效果，如图1-55所示。

图 1-54

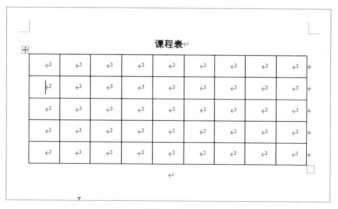

图 1-55

合并单元格的操作步骤如下：

1 选中要合并的单元格，单击鼠标右键，在弹出的快捷菜单中单击【合并单元格】命令，如图1-56所示。

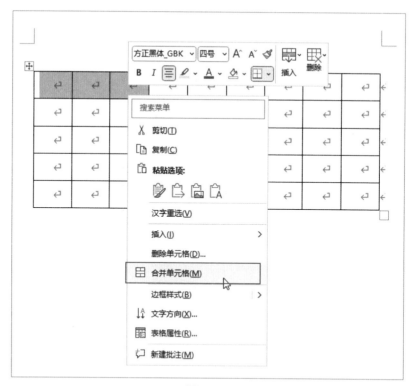

图 1-56

2 合并单元格后的样式，如图1-57所示。

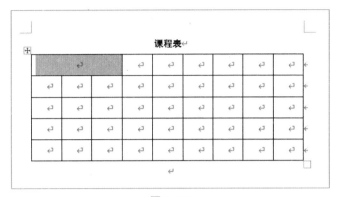

图 1-57

拆分单元格的操作步骤如下：

1 选择一个单元格，单击鼠标右键，在弹出的快捷菜单中单击【拆分单元格】命令，如图1-58所示。

2 弹出【拆分单元格】对话框，将【列数】设置为【2】，【行数】设置为【1】，单击【确定】按钮，如图1-59所示。

3 效果如图1-60所示。

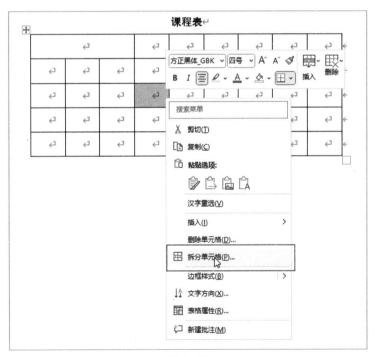

图 1-58

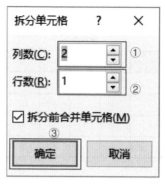

图 1-59

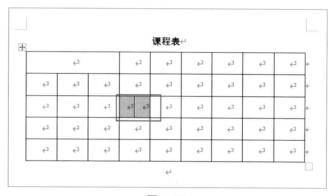

图 1-60

页面设置和打印

为了使文本效果更加美观，且符合打印的标准，在打印之前，要对文档页面进行设置，在这里我们可以添加页眉和页脚，也可以添加页码等。

1.4.1 添加页眉和页脚

为了使文档更加完善，还可以插入页眉和页脚，其操作步骤如下：

1 在【插入】选项卡下，单击【页眉和页脚】选项组中的【页眉】下拉按钮，在下拉列表中选择【边线型】，如图1-61所示。

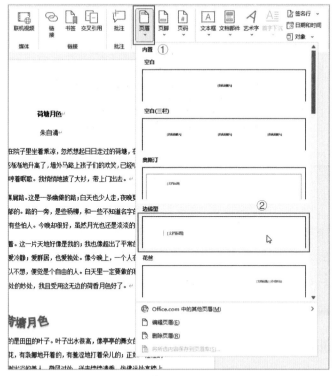

图 1-61

2 文本页面的顶部会出现边线型页眉，如图1-62所示。

图 1-62

3 在"文档标题"处输入"中学生必读精美散文"，最终效果如图1-63
所示。

图 1-63

添加页脚的操作方法与添加页眉的操作方法类似，这里就不再赘述。

实用贴士　　在编辑完页眉、页脚之后，要想退出编辑状态，在【页眉和页脚】选项卡中单击【关闭页眉和页脚】按钮即可。

1.4.2　添加页码

有些文档页面比较多，需要给文档添加页码，操作步骤如下：

1 在【插入】选项卡下，单击【页眉和页脚】选项组中的【页码】下拉按钮，会弹出如图1-64所示的下拉列表。

图 1-64

2️⃣ 选择【页面底端】→【普通数字2】选项，如图1-65所示。

3️⃣ 文本页面底部出现页码，鼠标移到正文部分，双击，最终效果如图1-66
所示。

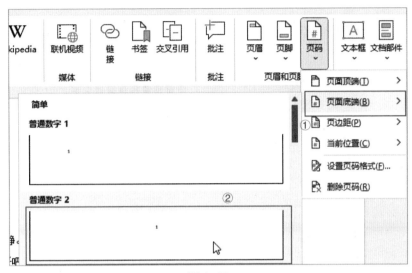

图 1-65

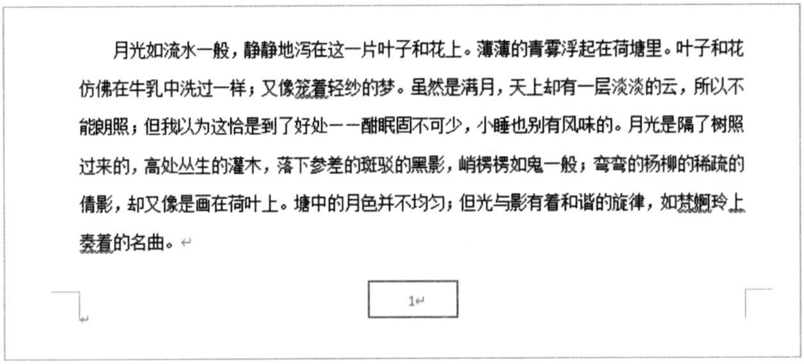

月光如流水一般，静静地泻在这一片叶子和花上。薄薄的青雾浮起在荷塘里。叶子和花
仿佛在牛乳中洗过一样；又像笼着轻纱的梦。虽然是满月，天上却有一层淡淡的云，所以不
能朗照；但我以为这恰是到了好处——酣眠固不可少，小睡也别有风味的。月光是隔了树照
过来的，高处丛生的灌木，落下参差的斑驳的黑影，峭楞楞如鬼一般；弯弯的杨柳的稀疏的
倩影，却又像是画在荷叶上。塘中的月色并不均匀；但光与影有着和谐的旋律，如梵婀玲上
奏着的名曲。↵

 1↵

图 1-66

1.4.3 应用背景色

应用背景色的操作步骤如下：

1️⃣ 在【设计】选项卡下的【页面背景】选项组中，单击【页面颜色】下拉
按钮，在下拉列表中选择一种颜色，如【黄色】，如图1-67所示。

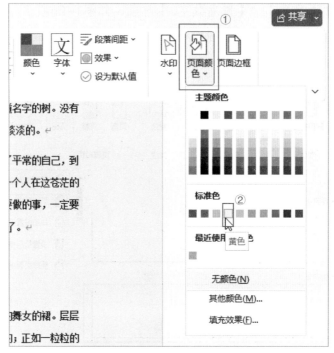

图 1-67

2️⃣ 其最终的效果如图1-68所示。

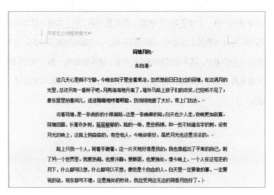

图 1-68

1.4.4 设置页边距

设置页边距的操作步骤如下：

1️⃣ 在【布局】选项卡下，单击【页面设置】选项组中右下角的对话框启动
按钮，如图1-69所示。

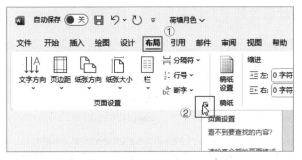

图 1-69

2　弹出【页面设置】对话框。将页边距上、下、左、右的数值都设置为2
厘米，纸张方向为默认的【纵向】，最后单击【确定】按钮，如图1-70
所示。

图 1-70

3 这样页边距就设置好了，效果如图1–71所示。

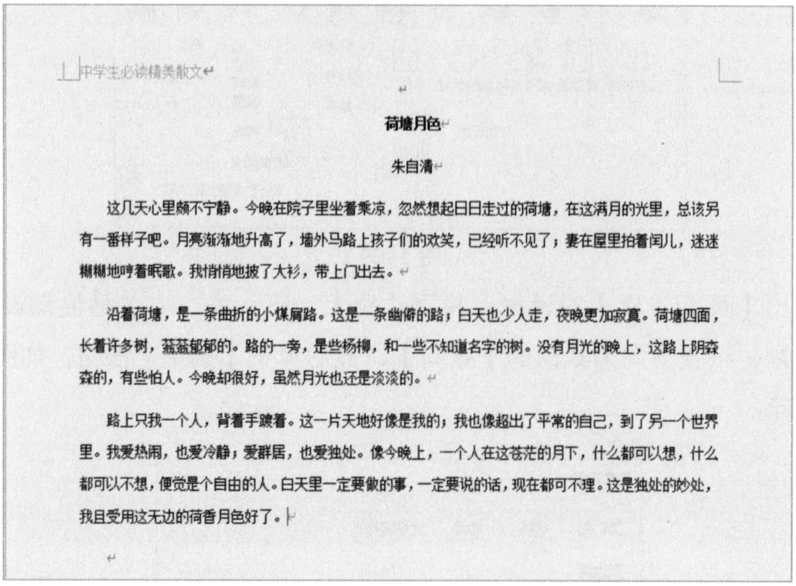
中学生必读精美散文

荷塘月色

朱自清

这几天心里颇不宁静。今晚在院子里坐着乘凉，忽然想起日日走过的荷塘，在这满月的光里，总该另有一番样子吧。月亮渐渐地升高了，墙外马路上孩子们的欢笑，已经听不见了；妻在屋里拍着闰儿，迷迷糊糊地哼着眠歌。我悄悄地披了大衫，带上门出去。

沿着荷塘，是一条曲折的小煤屑路。这是一条幽僻的路；白天也少人走，夜晚更加寂寞。荷塘四面，长着许多树，蓊蓊郁郁的。路的一旁，是些杨柳，和一些不知道名字的树。没有月光的晚上，这路上阴森森的，有些怕人。今晚却很好，虽然月光也还是淡淡的。

路上只我一个人，背着手踱着。这一片天地好像是我的；我也像超出了平常的自己，到了另一个世界里。我爱热闹，也爱冷静；爱群居，也爱独处。像今晚上，一个人在这苍茫的月下，什么都可以想，什么都可以不想，便觉是个自由的人。白天里一定要做的事，一定要说的话，现在都可不理。这是独处的妙处，我且受用这无边的荷香月色好了。

图 1–71

1.4.5 保存和打印文档

1.保存文档

文档创建修改完之后需要保存，保存的方法很简单，其操作步骤如下：

1 单击快速访问工具栏中的【保存】按钮，如图1–72所示。或者按【Ctrl+S】组合键即可。

2 如果文档之前没保存过，首次保存文档，则会弹出【另存为】对话框。在对话框中选择文件保存的位置，在【文件名】中输入要保存的文档名称，单击【保存】按钮，即可保存文档，如图1–73所示。

图 1-72

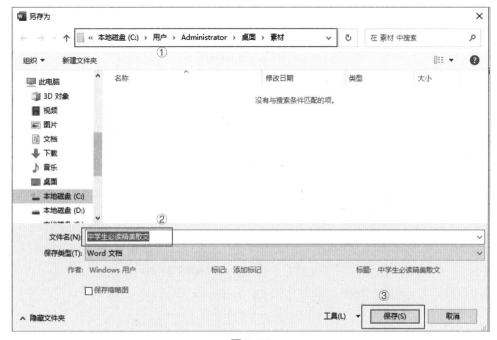

图 1-73

2.打印文档

文件保存好之后，有时需要打印文档，其操作步骤如下：

1　执行【文件】→【打印】命令，就会弹出如图1-74所示的页面。

2　在该页面的【份数】中可以输入打印的份数，在【打印机】中可以选择使用哪个打印机，如果需要对页面进行重新设计，还可以单击【页面设置】，在弹出的【页面设置】对话框中进行相应的设置，设定好之后，单击【打印】按钮，即可进行打印。

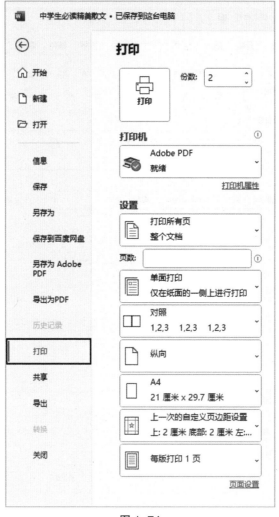

图 1-74

　　一般情况下，我们打印所使用的纸都是 A4 纸，但在进行页面设置的时候，如果你设置的纸张大小不是 A4 的话，就有可能导致打印不全，因此打印前要特别注意，使页面设置的纸张大小与实际用纸的纸张大小相符。

Chapter

02

第 2 章
Excel办公
应用

Excel是一款常用的电子表格软件，它可以录入大量的数据，并对数据进行统计和美化，成为便于阅读的表格。本章将详细介绍Excel的使用技巧。通过学习本章，读者可以快速掌握Excel在办公方面的应用技巧。

学习要点：★掌握Excel的基本操作方法

★熟练使用Excel输入数据

★掌握表格的编辑方法

★学会在Excel中使用公式和函数

★能使用Excel对数据进行排序、筛选和分类汇总

2.1 Excel表格的基本操作

在 Excel 中，一个工作簿可以包含多个工作表，对其中的工作表可以执行
各种操作，如添加、重命名、删除、移动、复制等。

2.1.1 添加工作表

系统默认只有一个工作表，用户可以根据需要添加工作表。添加工作表
的操作步骤如下：

1 打开"工作簿1"，在工作表操作栏中，单击【╋】按钮，如图2-1所示，
即可在已有工作表【Sheet1】的后面添加一个新工作表【Sheet2】，如图
2-2所示。

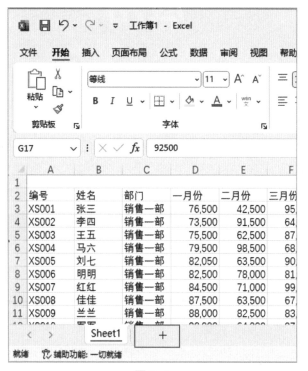

图 2-1

图 2-2

2 选中工作表标签，单击鼠标右键，在弹出的快捷菜单中选择【插入】命令，如图2-3所示。

图 2-3

3 弹出【插入】对话框，选择【工作表】图标，单击【确定】按钮，如图
2-4所示。

图 2-4

4 添加的工作表，如图2-5所示。

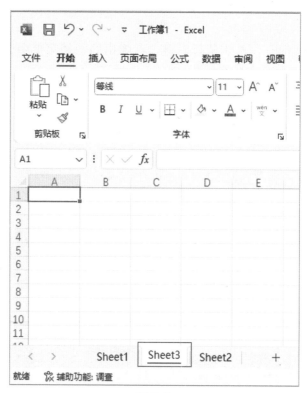

图 2-5

2.1.2　重命名工作表

重命名工作表的操作步骤如下：

1　选中需要重命名的工作表标签，单击鼠标右键，在弹出的快捷菜单中选择【重命名】命令，如图2-6所示。

图 2-6

2　这时工作表的名称变为可编辑的状态，如图2-7所示，然后重新输入名称即可。

图 2-7

也可以直接双击需要重命名的工作表标签，标签即变为可编辑状态，然后输入新的名称即可。

2.1.3 删除工作表

删除工作表的操作步骤如下：

在工作簿中选中需要删除的工作表标签，如【Sheet2】，单击鼠标右键，在弹出的快捷菜单中选择【删除】命令即可，如图 2-8 所示。

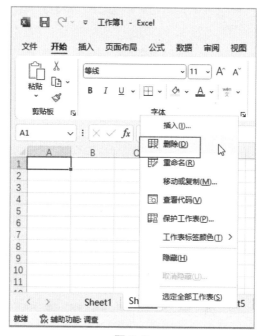

图 2-8

若工作表中存在数据，在执行删除操作时会打开一个提示对话框，单击【删除】按钮即可将其删除，如图 2-9 所示。

图 2-9

2.1.4　移动工作表

移动工作表的操作步骤如下:

1　选中要移动的工作表的标签,按住鼠标左键拖动,如图2-10所示。

图 2-10

2　拖动到合适的位置,释放鼠标即可,如图2-11所示。

图 2-11

除了上述方法，还可以采用如下方法，操作步骤如下：

1 选中工作标签并单击鼠标右键，在弹出的快捷菜单中选择【移动或复制】命令，如图2-12所示。

图 2-12

2 打开【移动或复制工作表】对话框，在【下列选定工作表之前】列表中选择要移动到的位置，单击【确定】按钮，如图2-13所示。

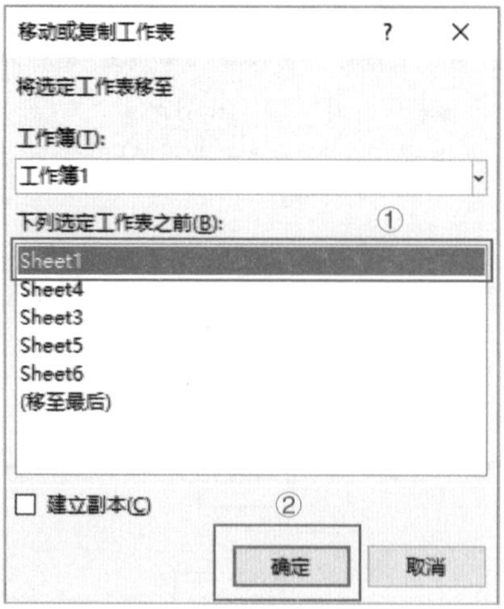

图 2-13

2.2 数据的输入

在 Excel 表格中输入不同类型的数据，其操作方法也是不同的。

2.2.1 输入文本和数字

文本和数字是 Excel 工作表中重要的数据类型，输入文本和数字的操作
步骤如下：

1. 打开"工作簿1"，选中A1单元格，直接输入"分数"，如图2-14所示，
按【Enter】键即可。

2. 在B1单元格中输入"98.5"，按【Enter】键，显示结果如图2-15
所示。

图 2-14

图 2-15

2.2.2 输入以0开头的数字

在 Excel 中输入数据，有时需要输入以 0 为开头的数字。如果直接输入
"001"，Excel 就会把"00"直接去掉。在输入以 0 为开头的数字时，需要对
其进行设置，操作步骤如下：

1 选中要输入的单元格，如A1单元格，在【开始】选项卡下单击【数字】选项组中的对话框启动按钮，如图2-16所示。

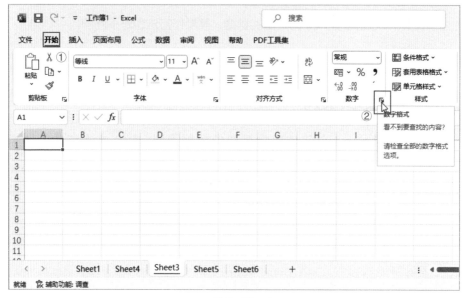

图 2-16

2 弹出【设置单元格格式】对话框，在【数字】选项卡下的【分类】列表中选择【文本】选项，单击【确定】按钮，如图2-17所示。

图 2-17

③　在A1单元格中输入"001"，按【Enter】键，显示结果如图2-18
　　所示。

图 2-18

2.2.3　输入分数

在表格中输入分数，如果直接输入"3/4"，系统会默认为日期，如图
2-19所示，正确输入分数的操作步骤如下：

图 2-19

1️⃣ 任意选择一个单元格，如在单元格中输入分数 "3/4"，应首先在单元格中输入一个 "0"，再按空格键，最后输入 "3/4"，如图2-20所示。

图 2-20

2️⃣ 按【Enter】键，显示结果如图2-21所示。

图 2-21

2.2.4 输入日期和时间

1.日期

在表格中输入日期的操作步骤如下：

1 任意选择一个单元格，输入日期"2024-7-1"，如图2-22所示。

图 2-22

2 按【Enter】键，显示结果如图2-23所示。

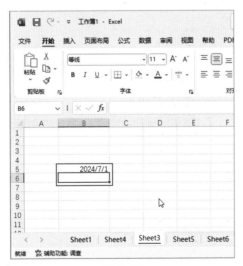

图 2-23

3 选中单元格，单击鼠标右键，在弹出的快捷菜单中选择【设置单元格格式】命令，如图2-24所示。

图 2-24

4 弹出【设置单元格格式】对话框，在【数字】选项卡下的【分类】列表框中选择【日期】选项，单击右侧【类型】列表框中的【2012年3月14日】选项，单击【确定】按钮，如图2-25所示。

图 2-25

5 设置结果如图2-26所示。

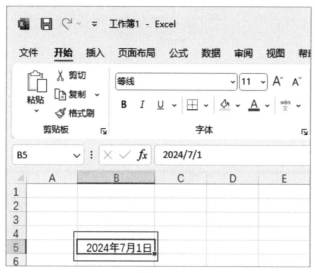

图 2-26

2.时间

在表格中输入时间的操作步骤如下：

1. 任意选择一个单元格，在单元格中输入时间"18:10:30"，如图2-27
所示。

图 2-27

2. 选中该单元格，单击鼠标右键，在弹出的快捷菜单中选择【设置单元格
格式】按钮，如图2-28所示，弹出【设置单元格格式】对话框，在【数
字】选项卡下选择【自定义】选项，单击右侧【类型】列表框中的【上
午/下午h"时"mm"分"ss"秒"】选项，单击【确定】按钮，如图2-29
所示。

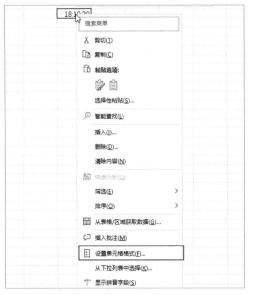

图 2-28

图 2-29

③　设置结果如图2-30所示。

图 2-30

> 通过使用快捷键，可以快速输入日期和时间，快速输入当前日期的快捷键是【Ctrl+;】；快速输入当前时间的快捷键是【Ctrl+Shift+;】。

2.2.5　填充数据

在日常工作中，有时需要在表格中输入各种各样的序列，如果采用手动输入的方式，费时费力，而且容易出错，这时可以运用自动填充功能，操作步骤如下：

1　在A1单元格中输入"1"，选择该单元格，当鼠标移动至单元格右下角时，指针变为【+】形状，如图2-31所示。

2　按住鼠标左键不放并向下拖动，将鼠标拖动至目标位置，释放鼠标左键，这时单元格内填充了相同的数据，如图2-32所示。

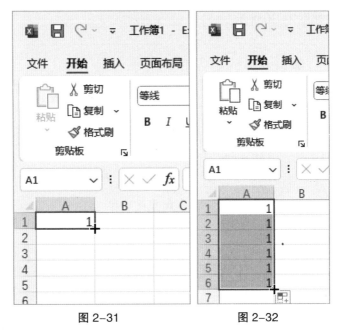

图 2-31   图 2-32

③ 如果想填充递增序列，可单击填充数据后的表格的右下角的【自动填充
   选项】下拉按钮，在其下拉列表中选择【填充序列】选项，如图2-33
   所示。

图 2-33

4 可以看到单元格中的数据变成了递增序列，如图2-34所示。

图 2-34

2.3 表格的编辑

表格的编辑主要包括合并与拆分单元格、设置字体格式、设置对齐方式等内容。

2.3.1 插入与删除单元格

在创建表格之后，为了工作需要，有时还需要对单元格进行插入、删除操作。

1.插入单元格

插入单元格的操作步骤如下：

1 打开一张表格，如果需要在C3单元格上插入一个单元格，只需要选中C3

单元格，单击鼠标右键，在弹出的快捷菜单中选择【插入】命令，如图2-35所示。

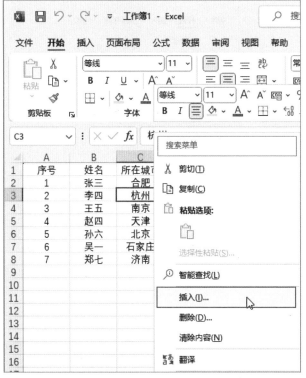

图2-35

2　在弹出的【插入】对话框中勾选【活动单元格下移】单选按钮，单击【确定】按钮，如图2-36所示。

图2-36

3　插入单元格的效果如图2-37所示。

图 2-37

2.删除单元格

删除单元格的操作与插入单元格相似，操作步骤如下：

1️⃣ 选中D5单元格，单击鼠标右键，在弹出的快捷菜单中选择【删除】命令，如图2-38所示。

图 2-38

2️⃣ 弹出【删除文档】对话框，选择【下方单元格上移】单选按钮，单击【确定】按钮，如图2-39所示。

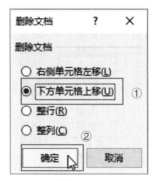

图 2-39

③　删除单元格的效果如图2-40所示。

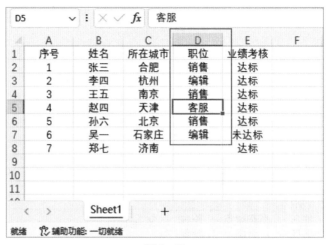

图 2-40

2.3.2　合并与拆分单元格

在制作表格时，有时需要将多个单元格合并为一个单元格，或对合并后的单元格进行拆分。

1.合并单元格

合并单元格的操作步骤如下：

①　打开一张表格，选中C2:C3单元格，在【开始】选项卡下的【对齐方式】选项组中，单击【合并后居中】下拉按钮，在其下拉列表中选择【合并后居中】选项，如图2-41所示。

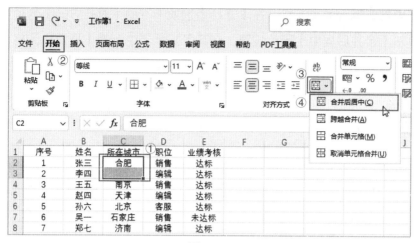

图 2-41

② 合并单元格后的效果，如图2-42所示。

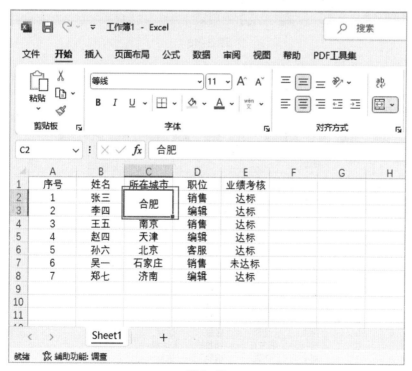

图 2-42

2.拆分单元格

拆分单元格的操作步骤如下：

1 选中需要拆分的单元格，在【开始】选项卡下的【对齐方式】选项组中，单击【合并后居中】下拉按钮，在其下拉列表中选择【取消单元格合并】选项，如图2-43所示。

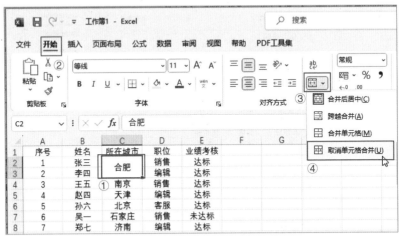

图 2-43

2 拆分后的效果如图2-44所示。

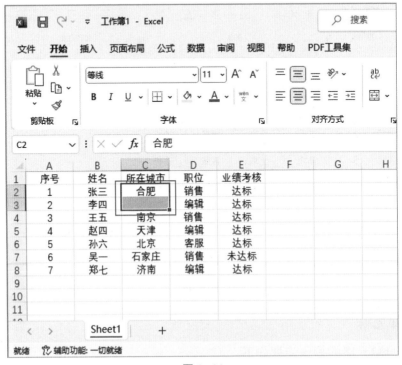

图 2-44

2.3.3　插入、删除行与列

在规划好的表格中，有时候需要插入新的行与列来添加数据，操作步骤如下：

1 打开一张表格，选中C列，单击鼠标右键，在弹出的快捷菜单中选择【插入】命令，如图2-45所示。

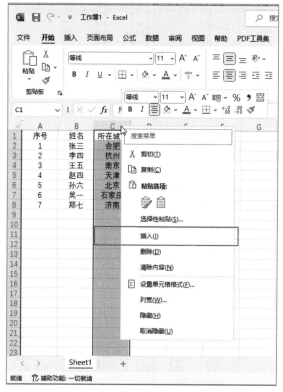

图 2-45

2 即可在C列插入新的列，新的列如图2-46所示。

3 如果要插入新的行，先选中第3行，单击鼠标右键，在快捷菜单中选择【插入】命令，如图2-47所示。

4 即可在第3行的上方插入新行，如图2-48所示。

要想删除某行或某列，直接选择行或列，单击鼠标右键，在弹出的快捷菜单中选择【删除】按钮即可。

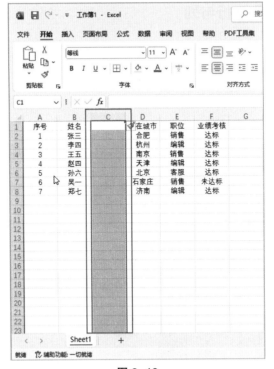

图 2-46

图 2-47

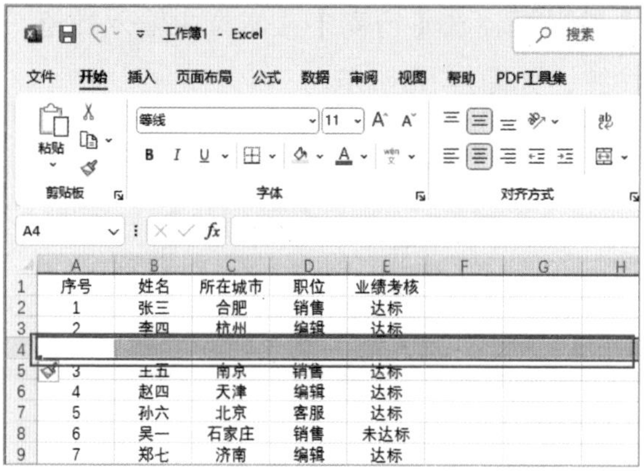

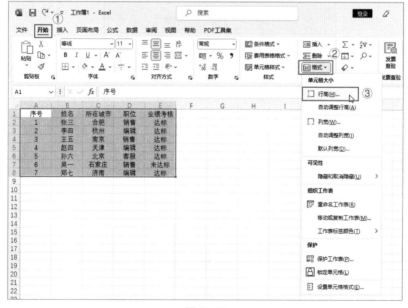

图 2-48

2.3.4 调整行高与列宽

工作表中的行高和列宽是默认的,有时在工作中需要对行高和列宽进行调整,操作步骤如下:

1 打开一张表格,选中需要调整行高和列宽的行和列,单击【开始】选项卡下【单元格】选项组中的【格式】下拉按钮,在下拉列表中选择【行高】选项,如图2-49所示。

图 2-49

2 弹出【行高】对话框，在【行高】文本框中输入数值，如"28.5"，单击【确定】按钮，如图2-50所示。

图 2-50

3 效果如图2-51所示。

A1		✓	:	× ✓	fx	序号	
	A	B	C	D	E	F	
1	序号	姓名	所在城市	职位	业绩考核		
2	1	张三	合肥	销售	达标		
3	2	李四	杭州	编辑	达标		
4	3	王五	南京	销售	达标		
5	4	赵四	天津	编辑	达标		
6	5	孙六	北京	客服	达标		
7	6	吴一	石家庄	销售	未达标		
8	7	郑七	济南	编辑	达标		
9							
10							

图 2-51

4 同样，我们选中需要调整行高和列宽的行和列，单击【开始】选项卡下【单元格】选项组中的【格式】下拉按钮，选择【列宽】选项，如图2-52所示。

5 弹出【列宽】对话框，在【列宽】文本框中输入数值，如"13"，单击【确定】按钮，如图2-53所示。

6 效果如图2-54所示。

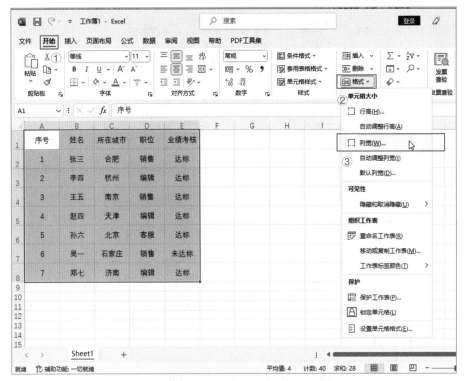

图 2-52

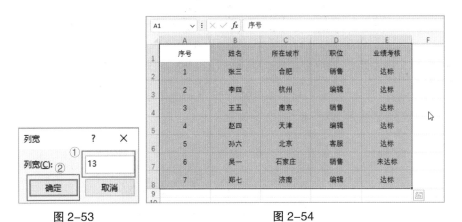

图 2-53 图 2-54

2.3.5 设置对齐方式

在制作表格时，文本默认为左对齐，数字默认为右对齐，如图 2-55 所示，为使表格更加美观，可以对表格进行对齐设置。设置对齐方式的操作步骤如下：

	A	B	C	D	E	F
1	序号	姓名	所在城市	职位	业绩考核	
2	1	张三	合肥	销售	达标	
3	2	李四	杭州	编辑	达标	
4	3	王五	南京	销售	达标	
5	4	赵四	天津	编辑	达标	
6	5	孙六	北京	客服	达标	
7	6	吴一	石家庄	销售	未达标	
8	7	郑七	济南	编辑	达标	

图 2-55

1 选择要设置对齐方式的单元格区域，单击【开始】选项卡下【对齐方式】选项组中相应的对齐按钮，如单击【居中】按钮，如图2-56所示。

	A	B	C	D	E
1	序号	姓名	所在城市	职位	业绩考核
2	1	张三	合肥	销售	达标
3	2	李四	杭州	编辑	达标
4	3	王五	南京	销售	达标
5	4	赵四	天津	编辑	达标
6	5	孙六	北京	客服	达标
7	6	吴一	石家庄	销售	未达标
8	7	郑七	济南	编辑	达标

图 2-56

2 设置效果如图2-57所示。

A1　序号

	A	B	C	D	E	F
1	序号	姓名	所在城市	职位	业绩考核	
2	1	张三	合肥	销售	达标	
3	2	李四	杭州	编辑	达标	
4	3	王五	南京	销售	达标	
5	4	赵四	天津	编辑	达标	
6	5	孙六	北京	客服	达标	
7	6	吴一	石家庄	销售	未达标	
8	7	郑七	济南	编辑	达标	
9						
10						

图 2-57

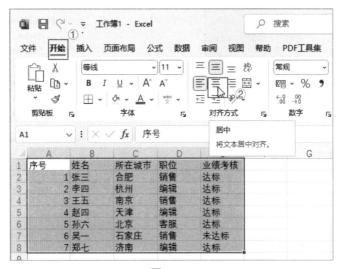

2.4　公式与函数基础

对 Excel 中的数据进行计算，是表格的一项十分重要的内容，公式和函数是常用的计算工具。

2.4.1　认识公式

公式一般以"="开头，可对表格中的数据进行加、减、乘、除等各种运算，操作步骤如下：

1. 打开"工作簿2"，选择需要输入公式的K2单元格，在编辑栏中输入公式"=B2+C2+D2+E2+F2+G2+H2+I2+J2"，如图2-58所示。

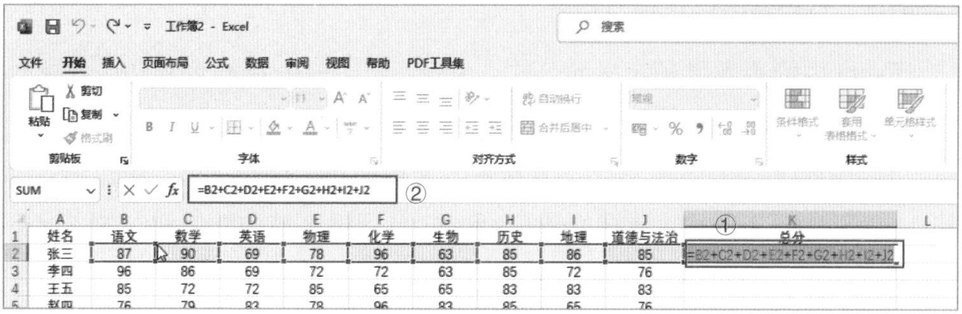

图 2-58

2. 按【Enter】键即可得出张三的总分，如图2-59所示。

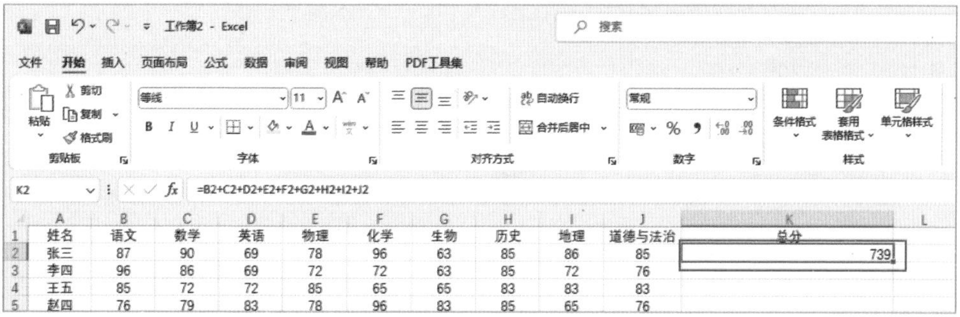

图 2-59

3. 选择K2单元格，将鼠标光标移至K2右下角，当鼠标指针变为【＋】形状时，按住鼠标左键向下拖动，可得出以下每个学生的总分，如图2-60所示。

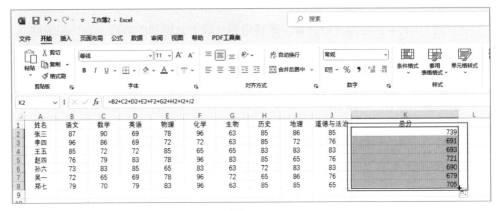

图 2-60

2.4.2 认识函数

Excel 中的函数是预定义的公式，由标识符（＝）、函数名称和函数参数三部分组成，用户利用函数，可对数据进行快速计算。

有些函数的名称非常好记，直接输入使用即可，比如，求和函数，直接输入"=SUM(C3:E3)"，计算的是 C3 到 E3 单元格区域的数值和。如果记不住函数的名称，那使用函数向导法插入函数即可。

使用函数的操作步骤如下：

1 打开"工作簿2"，选择需要输入函数表达式的K2单元格，在【公式】选项卡下，单击【函数库】选项组中的【插入函数】按钮，如图2-61所示。

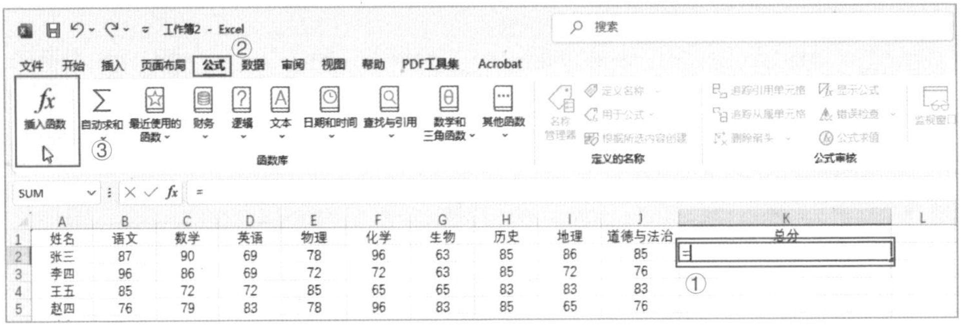

图 2-61

☑ 弹出【插入函数】对话框，在【选择函数】列表框中选择【SUM】函数，单击【确定】按钮，如图2-62所示。

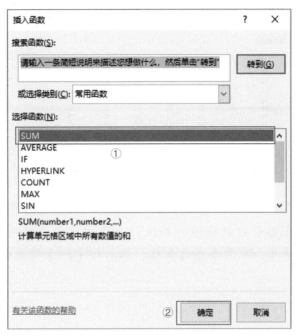

图 2-62

☑ 弹出【函数参数】对话框，在【Number1】框中输入需要求总分的单元格区域，单击【确定】按钮，如图2-63所示。

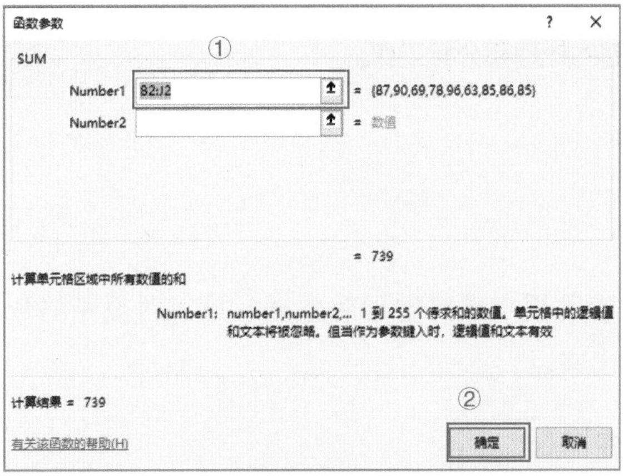

图 2-63

☑ 返回工作表，可以看到K2单元格已显示出计算结果，如图2-64所示。

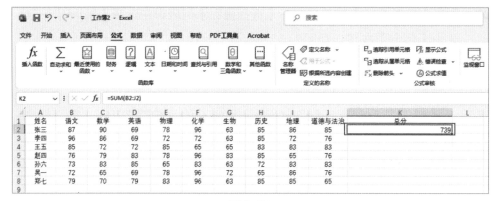

图 2-64

实用贴士

对表格中的数据进行修改，公式结果也需要更新时，不需要重新计算，只需要全选表格，然后按【F9】键更新即可。

2.5 数据的处理

运用 Excel 中的数据的排序、数据的筛选以及数据的分类汇总等功能可以轻松完成对数据的处理和分析工作。

2.5.1 排序

有时，为了帮助用户更好地理解数据，可以对复杂的数据进行排序，使之更直观地显示出来。

1.按单个条件排序

按单个条件对数据进行排序的操作步骤如下：

■ 打开"工作簿2"，选择【总分】列的任意单元格，在【数据】选项卡下，单击【排序和筛选】组中的【降序】按钮，如图2-65所示。

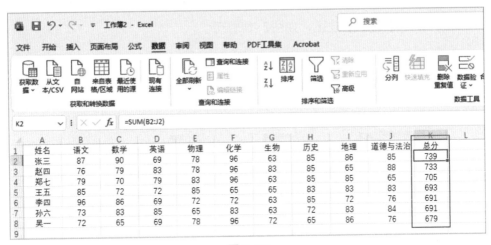

图 2-65

2️⃣ 可以看到工作表中的【总分】数据列呈现出降序排列，如图2-66所示。

图 2-66

2.按多个条件排序

按多个条件排序是指根据多列的数据规则对数据表进行排序。例如，在"工作簿2"中同时对"总分"和"英语"进行排序，操作步骤如下：

1️⃣ 选择整个数据区域，在【数据】选项卡下，单击【排序和筛选】选项组中的【排序】按钮。

② 弹出【排序】对话框，在【排序依据】下拉列表中选择【总分】选项，在【排序依据】下拉列表中选择【单元格值】选项，在【次序】下拉列表中选择【降序】选项，单击【添加条件】按钮，如图2-67所示。

图 2-67

③ 在【次要关键字】下拉列表中选择【英语】选项，在【排序依据】下拉列表中选择【单元格值】选项，在【次序】下拉列表中选择【降序】选项，单击【确定】按钮，如图2-68所示。

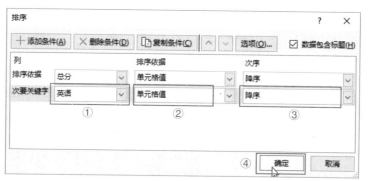

图 2-68

④ 返回工作表，即可看到工作表中的数据按设置的多个条件进行了排序，如图2-69所示。

	A	B	C	D	E	F	G	H	I	J	K	L
1	姓名	语文	数学	英语	物理	化学	生物	历史	地理	道德与法治	总分	
2	张三	87	90	69	78	96	63	85	86	85	739	
3	赵四	76	79	83	78	96	83	85	65	88	733	
4	郑七	79	70	79	83	96	83	85	85	65	705	
5	王五	85	72	72	85	65	65	83	83	83	693	
6	孙六	73	83	85	65	83	63	72	83	84	691	
7	李四	96	86	69	72	72	63	85	72	76	691	
8	吴一	72	65	69	78	96	72	65	86	76	679	

图 2-69

2.5.2 筛选

在管理大规模的数据时，要想快速找到需要的数据，可以用 Excel 中的筛选功能来处理。通过筛选条件，可以把符合条件的数据显示出来。

1.自动筛选

以筛选"工作簿 2"中"性别"为"男"的数据为例，操作步骤如下：

1 打开"工作簿2"，选择数据表中的任意单元格，在【数据】选项卡下，单击【排序和筛选】选项组中的【筛选】按钮，此时工作表中的每一列标题的右侧都出现了一个下拉按钮，如图2-70所示。

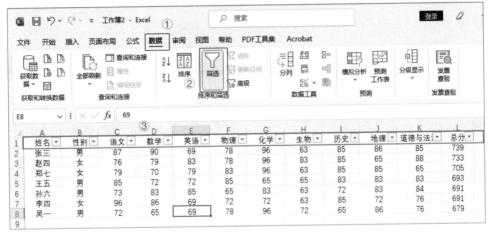

图 2-70

2 单击【性别】右侧的下拉按钮，在弹出的下拉列表中勾选【男】复选框，然后单击【确定】按钮，如图2-71所示。

3 返回工作表，筛选结果如图2-72所示。

图 2-71

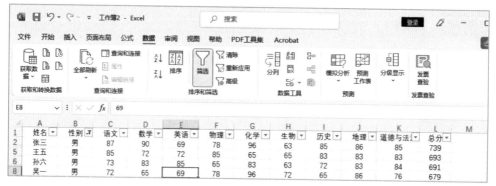

图 2-72

2.自定义筛选

对于一些复杂条件的筛选，用户可以使用自定义筛选功能。以筛选"工作簿2"中"总分"大于"700"的数据为例，操作步骤如下：

1 按照上述方法进入筛选状态，单击【总分】右侧的下拉按钮，在弹出的下拉列表中选择【数字筛选】选项，再在其子列表中选择【大于】选项，如图2-73所示。

2 弹出【自定义自动筛选】对话框，在【总分】框中设置筛选条件【大于700】，单击【确定】按钮，如图2-74所示。

图 2-73   图 2-74

3 返回工作表，筛选结果如图2-75所示。

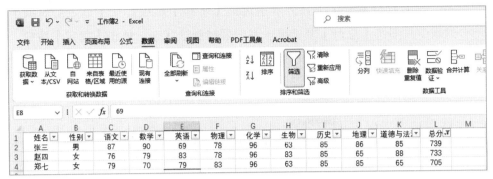

图 2-75

创建筛选条件时，其列标题必须与需要筛选的表格数据的列标题一致，否则无法筛选出正确的结果。

2.5.3　分类汇总

分类汇总可以根据指定条件对数据进行分类，其操作步骤如下：

1 打开"工作簿2"，其中的数据已按【总分】升序排列，选中数据表中的任意单元格，在【数据】选项卡下，单击【分级显示】组中的【分类汇总】按钮，如图2-76所示。

图 2-76

② 打开【分类汇总】对话框，在【分类字段】下拉列表中选择【性别】选项，在【汇总方式】下拉列表中选择【求和】选项，在【选定汇总项】列表中只勾选【总分】复选框，其他保持默认状态，单击【确定】按钮，如图2-77所示。

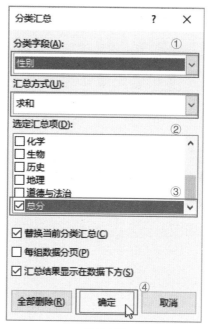

图 2-77

③ 返回工作表，即可看到工作表中的数据按【性别】对【总分】进行了分类汇总，如图2-78所示。通过单击工作表编辑区左侧的【分级】工作条，即可按不同级别查看相应数据。

		A	B	C	D	E	F	G	H	I	J	K	L	M
1		姓名	性别	语文	数学	英语	物理	化学	生物	历史	地理	道德与法治	总分	
2		张三	男	87	90	69	78	96	63	85	86	85	739	
3			男 汇总										739	
4		赵四	女	76	79	83	78	96	83	85	65	88	733	
5		郑七	女	79	70	79	83	96	63	85	85	65	705	
6			女 汇总										1438	
7		王五	男	85	72	72	85	65	65	83	83	83	693	
8		孙六	男	73	83	85	65	83	63	72	83	84	691	
9			男 汇总										1384	
10		李四	女	96	86	69	72	72	63	85	72	76	691	
11			女 汇总										691	
12		吴一	男	72	65	69	78	96	72	65	86	76	679	
13			男 汇总										679	
14			总计										4931	

图 2-78

Chapter

03

第 3 章

PPT办公应用

导读 ▷

PPT在工作中的应用也十分广泛，它能把文字、图片、音频、视频等组合起来，形成一种十分美观的文本，在年终总结、工作汇报、企业宣传、产品发布上都有应用。本章将详细介绍PPT的使用方法。通过学习本章，读者可以快速学会PPT在办公方面的应用技巧。

学习要点：★掌握PPT的基本操作方法
　　　　　★掌握幻灯片的制作方法
　　　　　★掌握幻灯片的图文排版方法
　　　　　★掌握多媒体动画在幻灯片中的应用
　　　　　★掌握幻灯片的放映技巧

3.1 PPT的基本操作

PowerPoint 是 Office 办公软件之一，简称 PPT，用它可以制作出包含文字、图片、声音及视频等内容的演示文稿，常用于多媒体授课、产品演示等。

启动 PowerPoint，它的工作界面如图 3-1 所示。

图 3-1

3.1.1 新建幻灯片

在演示文稿中新建幻灯片的操作步骤如下：

1 新建PowerPoint演示文稿，如图3-2所示。

2 在【开始】选项卡下，单击【幻灯片】选项组中的【新建幻灯片】下拉按钮，在其下拉列表中选择一种幻灯片样式，如图3-3所示。

3 插入幻灯片的效果如图3-4所示。

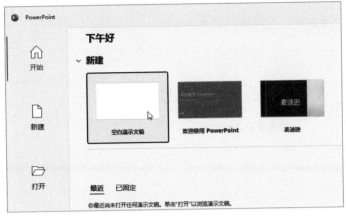

图 3-2

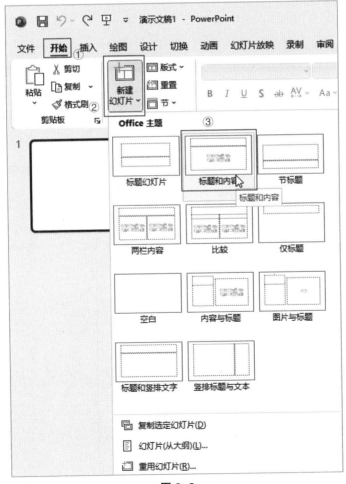

图 3-3

图 3-4

3.1.2 删除幻灯片

删除幻灯片的操作步骤如下：

选择要删除的幻灯片，单击鼠标右键，在弹出的快捷菜单中选择【删除幻灯片】命令，如图 3-5 所示，即可删除该幻灯片。

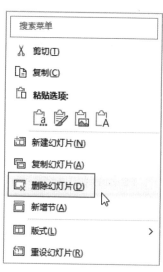

图 3-5

也可以选中要删除的幻灯片后，直接按【Delete】键，即可删除该幻灯片。

3.1.3　复制幻灯片

　　如果需要多页内容和版式相同的幻灯片，那么可以通过复制幻灯片来提高工作效率。复制幻灯片的操作步骤如下：

1. 选择需要复制的第2张幻灯片，单击鼠标右键，在弹出的快捷菜单中选择【复制】命令，如图3-6所示。

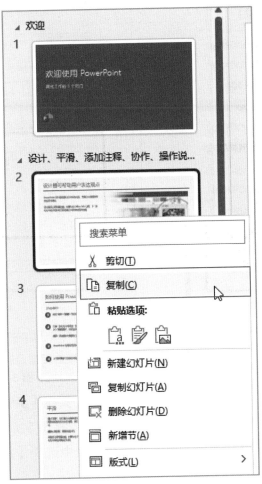

图3-6

2. 在所要粘贴的第7张幻灯片上，单击鼠标右键，在弹出的快捷菜单中选择【粘贴选项】中的【使用目标主题】命令，如图3-7所示。

3 即可发现在第7张幻灯片下方显示出刚复制的第2张幻灯片，如图3-8所示。

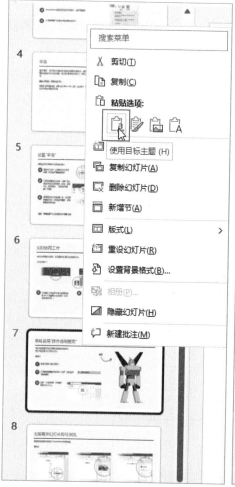

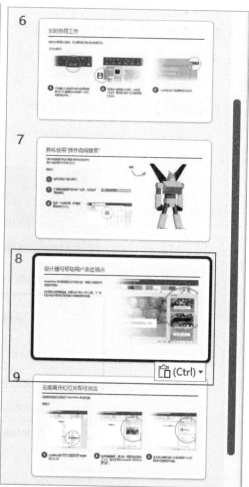

图3-7　　　　　　　　　　　　　图3-8

另外，用户还可以拖动鼠标来移动幻灯片，其操作步骤如下：

1 选中第4张幻灯片，按住鼠标右键并拖动，如图3-9所示。

2 在合适的位置释放鼠标右键，在快捷菜单中选择【复制】命令，如图3-10所示。

3 即可完成对幻灯片的复制，最终效果如图3-11所示。

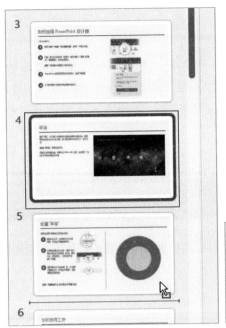

图 3-9

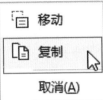

图 3-10

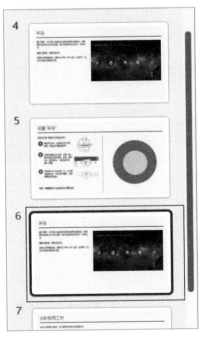

图 3-11

实用贴士　　复制幻灯片的方式有很多，用快捷键复制幻灯片的方式有以下几种：一种是【Ctrl+D】组合键，一种是按【Enter】键进行复制，还有一种是使用【Ctrl+C】和【Ctrl+V】组合键进行复制操作。

3.2 制作幻灯片

在幻灯片中输入文本编辑后，再根据需要设置幻灯片的主题和样式，这样幻灯片就制作好了。

3.2.1 输入和编辑文本

1.输入文本

在新建的幻灯片中都有文本占位符，在占位符中单击，其中的文字会自动消失，如图 3–12 所示，此时输入文本即可。

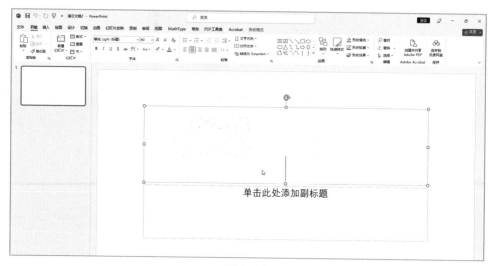

图 3–12

除了通过占位符来输入文本，还可以在【大纲】窗格中输入，或者在幻灯片中插入文本框再输入。

2.编辑文本

在幻灯片中输入文本后，往往需要对文本进行编辑，如设置字体、段落、对齐方式等，操作步骤如下：

1️⃣ 打开演示文稿，选择标题文本，此时标题文本呈灰底黑字显示，如图3-13所示。

图 3-13

2️⃣ 在【开始】选项卡下的【字体】选项组中将【字体】设置为【方正黑体-GBK】，【字号】设置为【48】，如图3-14所示。

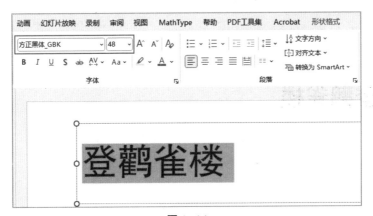

图 3-14

3️⃣ 选择标题下方的段落文字，单击【开始】选项卡下【字体】选项组中的【倾斜】按钮，如图3-15所示。

4️⃣ 在【开始】选项卡下【段落】选项组中单击【居中】按钮，如图3-16所示。

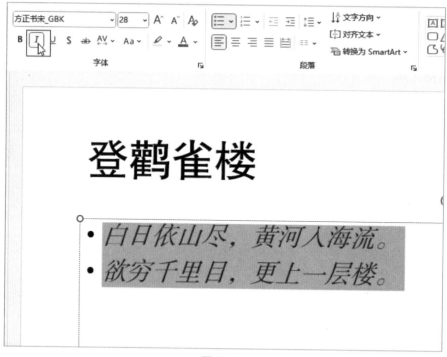

图 3-15

图 3-16

⑤ 在【段落】选项组中单击【行距】下拉按钮，在其下拉列表中选择
【1.5】选项，如图3-17所示。

⑥ 再在【字体】选项组中单击【字符间距】下拉按钮，在其下拉列表中选
择【稀疏】选项，如图3-18所示。

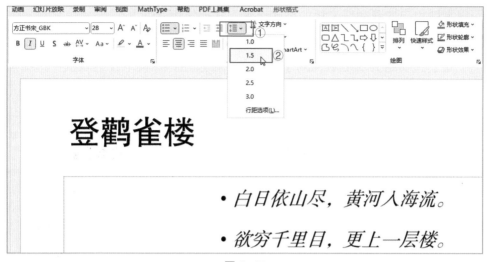

图 3-17

图 3-18

在 PowerPoint 中，也可以使用格式刷工具快速将多处文本设置成同一格式；还可以使用查找和替换的功能来同时修改多处相同的地方，其方法与 Word 类似，这里就不再赘述。

3.2.2 应用设计主题

PowerPoint 提供了多种设计主题，集背景、文本格式等整体样式于一体，可以帮助用户快速完成文稿的格式设置，其操作步骤如下：

1 打开"演示文稿3"，选择第2张幻灯片，在【设计】选项卡下，单击【主题】选项组列表框右侧的【其他】下拉按钮，在其下拉列表框中选择需要的主题样式，这里选择【平面】选项，如图3-19所示。

图 3-19

2 设置完毕后，即可查看第2张幻灯片应用设计主题的效果，如图3-20所示。

图 3-20

3.2.3 设置幻灯片母版

幻灯片母版是指为整个演示文稿设置统一版式和页面格式的模板。用幻灯片母版可以大幅度地提高工作效率。设置幻灯片的操作步骤如下：

1 打开演示文稿，在【视图】选项卡下，单击【母版视图】选项组中的【幻灯片母版】按钮，如图3-21所示。

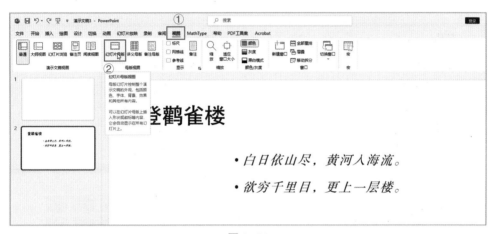

图 3-21

2 进入幻灯片母版视图，选择第1张母版幻灯片，在【幻灯片母版】选项卡下，单击【背景】选项组中的【背景样式】下拉按钮，在其下拉列表中选择【设置背景格式】选项，如图3-22所示。

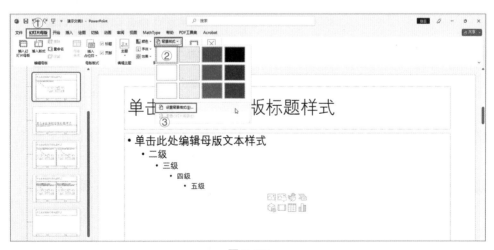

图 3-22

3 工作界面右侧弹出【设置背景格式】任务窗格，如图3-23所示。在【填充】窗格中选择【图案填充】单选按钮，图案选择第一种图案，前景色选择【橙色】，背景色选择【蓝色】，如图3-24所示。

图 3-23   图 3-24

4 继续选择第1张幻灯片，将标题占位符中的【字体】设置为【方正黑体_GBK】，【字号】设置为【48】，如图3-25所示。

5 选择下方的文本样式占位符，将【字体】设置为【方正宋黑-GBK】，效果如图3-26所示。

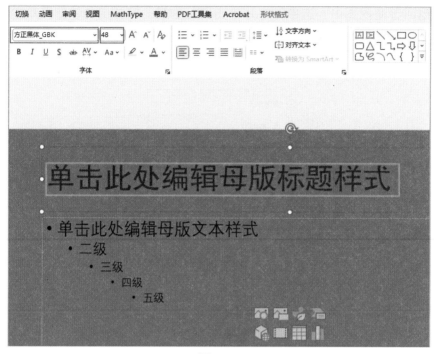

图 3-25

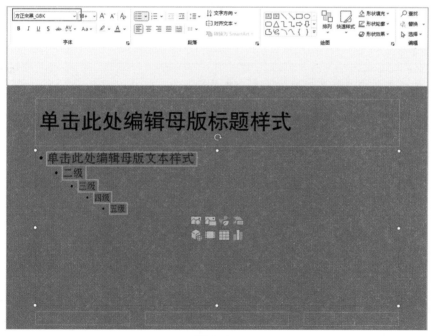

图 3-26

6　返回普通视图中，选中幻灯片单击鼠标右键，在弹出的快捷菜单中选择【重设幻灯片】命令，如图3-27所示，即可查看重新设置了母版的效果，如图3-28所示。

图 3-27

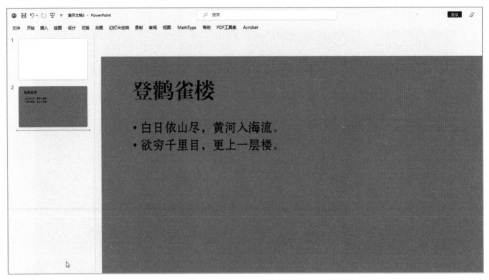

图 3-28

3.3 图文排版

在幻灯片中插入图片，会使幻灯片的表达效果更加美观，内容更加丰富，观看者也更容易理解幻灯片所要表达的内容。

3.3.1 插入图片

在幻灯片中插入图片的操作步骤如下：

1 选中要插入图片的幻灯片，在【插入】选项卡下，单击【图像】选项组中的【图片】下拉按钮，在下拉列表中选择【此设备】选项，如图3-29所示。

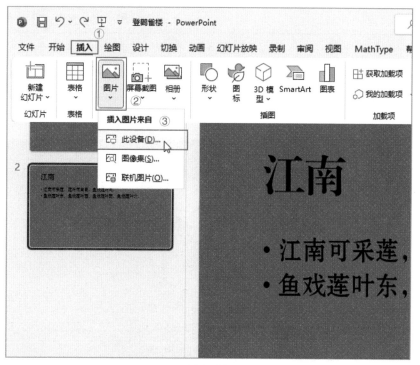

图 3-29

2 弹出【插入图片】对话框，找到图片存放的位置，选择目标图片，单击

【插入】按钮，如图3-30所示。

图 3-30

3 返回工作界面，即可发现图片已经插入幻灯片内，如图3-31所示。

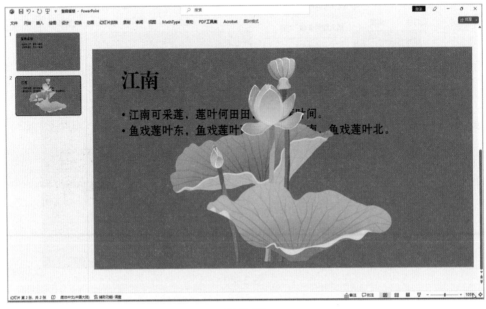

图 3-31

3.3.2　调整图片

　　图片被插入幻灯片之后，可以对图像的小大和位置进行调整，还可以裁剪图片，使其更符合当前的设计要求。调整图片的操作步骤如下：

1　　选中插入幻灯片中的图片，图片四周会出现8个控制点，将鼠标光标移动到控制点上方，光标变成双箭头的形状，如图3-32所示。

图 3-32

2　　拖动鼠标即可调整图片的大小，图片被调小后的效果如图3-33所示。

图 3-33

③ 如需要裁剪图片，则可选中图片，在【图片格式】选项卡下【大小】选
项组中单击【裁剪】按钮，图片即可进入裁剪状态，如图3-34所示。

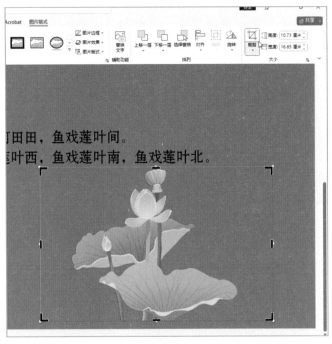

图 3-34

④ 将鼠标指针置于图片四周出现的黑色裁剪控点上，可以调整图片的裁剪
位置，如图3-35所示。

图 3-35

5　将鼠标置于图片右边的控制点上，按住鼠标左键不放拖动执行裁剪操作，
如图3-36所示。

图 3-36

6　裁剪完成后，在任意空白处单击，即可退出裁剪状态，图片最终的裁剪
效果如图3-37所示。

图 3-37

除了常规的裁剪图片，还能把图片裁剪为不同的形状，操作步骤如下：

1　选中要裁剪的图片，在【图片格式】选项卡下的【大小】选项组中单击
【裁剪】下拉按钮，在下拉列表中选择【裁剪为形状】选项，再在子列

表中选择【基本形状】栏中的【等腰三角形】，如图3-38所示。

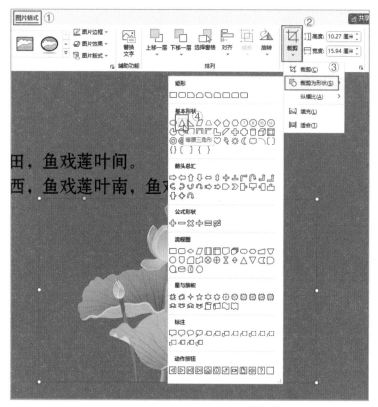

图 3-38

2 图像裁剪后的效果如图3-39所示。

图 3-39

3.4 多媒体动画的应用

在幻灯片中添加一些多媒体文件，比如，插入背景音乐和视频等，可以使幻灯片的播放效果更加生动。

3.4.1 添加音频

在幻灯片中添加音频的操作步骤如下：

1. 打开演示文稿，切换至【插入】选项卡，单击【媒体】选项组中【音频】的下拉按钮，在下拉列表中选择【PC上的音频】选项，如图3-40所示。

2. 在弹出的【插入音频】对话框中，选择一个合适的音乐文件，如【背景音乐】文件，单击【插入】按钮，如图3-41所示。

图 3-40

图 3-41

3 音频被插入演示文稿后，会显示为一个音频图标，如图3-42所示。

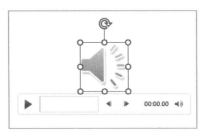

图 3-42

3.4.2 播放音频

添加音频之后，可以调节音频的播放方式，操作步骤如下：

1 单击音频图标，切换到【播放】选项卡，在选项卡中单击【播放】按钮，即可播放音频，如图3-43所示。

图 3-43

2 要想在放映幻灯片时自动播放音频文件，可以单击【音频选项】选项组中的【开始】下拉按钮，在下拉列表中选择【自动】选项，如图3-44所示。

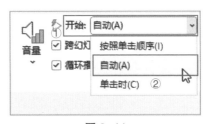

图 3-44

3 要想在放映幻灯片时看不到音频图标，勾选【放映时隐藏】复选框即可，如图3-45所示。

4 想要调节音频播放声音的大小，可以拖动如图3-46所示的手形图标来实现。

图 3-45

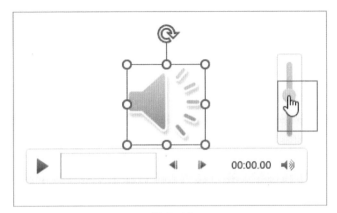

图 3-46

3.4.3　编辑音频

添加音频后，可以对音频进行裁剪，操作步骤如下：

1 在【播放】选项卡中，单击【剪裁音频】按钮，如图3-47所示。

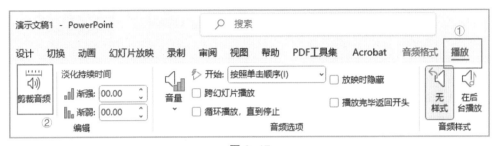

图 3-47

2 弹出【剪裁音频】对话框，可以在【开始时间】和【结束时间】数值框中输入时间，也可以在滑动条上拖动滑块，单击【确定】按钮即可，如图3-48所示。

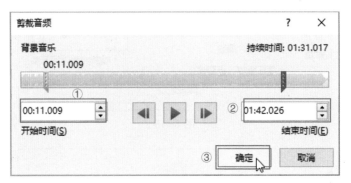

图 3-48

3.4.4 添加视频

在幻灯片中添加视频文件与添加音频文件的操作类似，操作步骤如下：

1 打开演示文稿，切换至【插入】选项卡，单击【媒体】选项组中的【视频】的下拉按钮，在下拉列表中选择【库存视频】选项，如图3-49所示。

图 3-49

2 在弹出的【图像集】对话框中，选中要插入的视频，单击【插入】按钮，如图3-50所示。

3 视频被插入幻灯片后，四周会出现8个控制点，如图3-51所示。

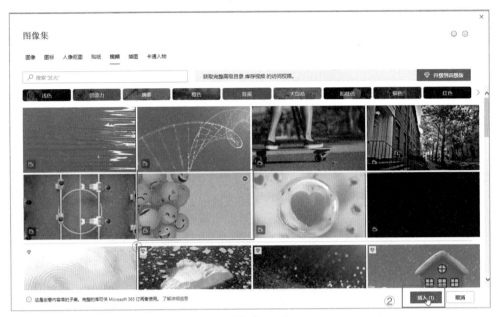

图 3-50

图 3-51

4　要想在放映幻灯片时自动播放视频文件，可以单击【视频选项】选项组中的【开始】下拉按钮，在下拉列表中选择【单击时】选项，如图3-52所示。

图 3-52

5 要剪裁视频，在【播放】选项卡中，单击【剪裁视频】按钮，弹出【剪裁视频】对话框，在【开始时间】和【结束时间】数值框中输入时间，或者拖动滑动条上的滑块，单击【确定】按钮即可，如图3-53所示。

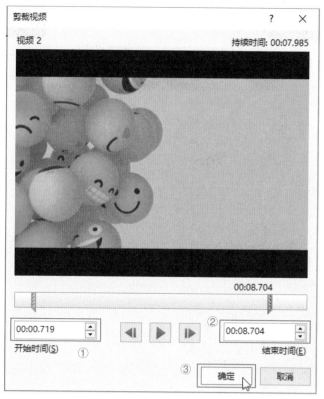

图 3-53

3.4.5 设置页面切换效果

为了使幻灯片在切换时更加美观，可以为其设置页面切换效果，操作步骤如下：

1 打开演示文稿，选择一张演示文稿，在【切换】选项卡下，选择【切换到此幻灯片】选项组中的【平移】选项，如图3-54所示。

2　要想给切换效果添加音效，单击【计时】选项组中的【声音】下拉按钮，在其下拉列表框中，选择【打字机】选项，如图3-55所示。

图 3-54

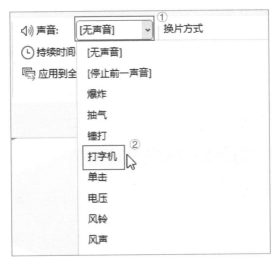

图 3-55

3 要想给切换效果添加一个时间，可将【计时】选项组中的【持续时间】文本框内的数字调整为【01.25】，如图3-56所示。

4 设置完毕后，单击【预览】选项组中的【预览】按钮，即可对放映幻灯片时的效果进行预览。

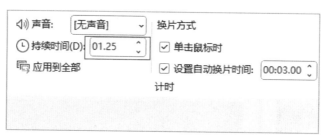

图 3-56

　　在调整"持续时间"参数时，可以适当减短播放时间，但尽量不要加长切换时间，以免破坏幻灯片的放映节奏。

3.4.6 设置动画效果

除了给整个幻灯片设置切换方案，还可以给幻灯片中的对象添加动画效果，操作步骤如下：

1 在演示文稿中选择一个对象，在【动画】选项卡下的【动画】选项组列表框中选择【飞入】选项，如图3-57所示。

图 3-57

② 被添加了动画对象的部分，在左上角会出现一个序号标记，如图3-58
所示。

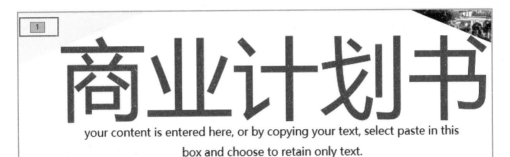

图 3-58

③ 用类似的操作方法可以为其他对象添加动画效果。

3.5 放映幻灯片

幻灯片制作好之后就要放映，在放映时可以选择放映需要的内容和不同的
放映方式。

3.5.1 自定义放映

放映幻灯片，可以选择从头开始放映，也可以选择从当前幻灯片开始放
映，还可以自定义选择幻灯片的部分内容，操作步骤如下：

① 打开演示文稿，在【幻灯片放映】选项卡下，单击【自定义幻灯片放映】
的下拉按钮，选择【自定义放映】，如图3-59所示。

② 弹出【自定义放映】对话框，单击【新建】按钮，如图3-60所示。

图 3-59

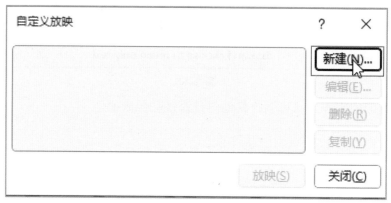

图 3-60

③ 弹出【定义自定义放映】对话框，在【幻灯片放映名称】中输入名称"周一放映"，在左栏的【在演示文稿中的幻灯片】中选择幻灯片，然后单击【添加】按钮，如图3-61所示。

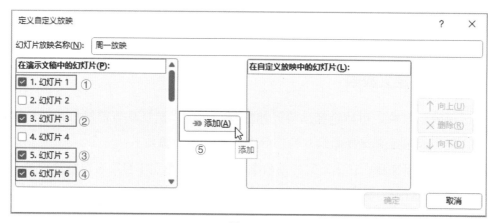

图 3-61

4　右栏【在自定义放映中的幻灯片】中会出现在左栏中选择的幻灯片，单击【确定】按钮，如图3-62所示。

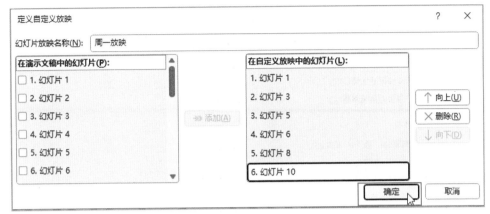

图 3-62

5　弹出【自定义放映】对话框，单击【放映】按钮，即可放映自定义的幻灯片。

3.5.2　设置放映方式

根据放映场合的不同，可以设置不同的放映方式，操作步骤如下：

1　打开演示文稿，在【幻灯片放映】选项卡下，单击【设置幻灯片放映】按钮，如图3-63所示。

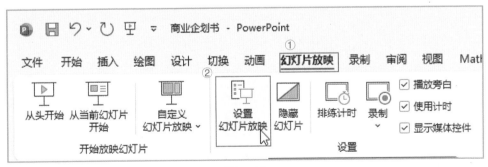

图 3-63

2　弹出【设置放映方式】对话框，在对话框中设置【放映类型】【放映选

项】等参数，单击【确定】按钮，如图3-64所示，即可完成幻灯片放映
方式的设置。

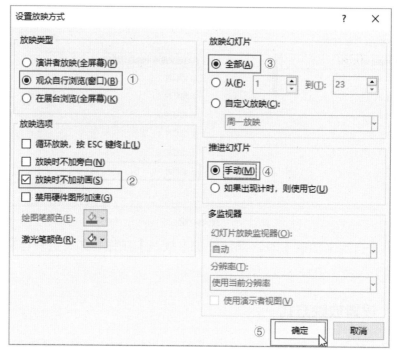

图 3-64

Chapter

04

第 4 章

PS应用

导读 ▷

Photoshop是一款图像编辑软件，主要用于处理位图图像。在平面广告设计、数码照片、插画设计、效果图后期处理等领域有着广泛的应用。本章将详细介绍Photoshop的使用方法。通过学习本章，读者可以快速掌握Photoshop处理图像的一些应用技巧。

学习要点： ★了解Photoshop的操作界面

★掌握Photoshop抠图的技巧

★熟练使用Photoshop调整图像色彩、裁剪和修复图像

★掌握图层和滤镜的使用方法

4.1 基本操作

学习用 Photoshop 处理图像，首先要掌握 Photoshop 的一些基本操作，包括图像文件的新建与保存，以及图像与画布尺寸的调整等。

4.1.1 新建图像文件

如果要制作一个图像，如海报、图书封面等，首先需要新建图像文件，操作步骤如下：

1 执行【文件】→【新建】命令，或按【Ctrl+N】组合键，如图4-1所示。

2 弹出【新建文档】对话框，在这个对话框中可以设置画布的宽高、分辨率

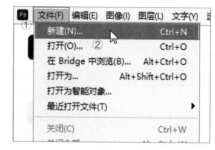

图 4-1

等预设信息，单击【创建】按钮，如图4-2所示。这样一个文件就新建成功了。

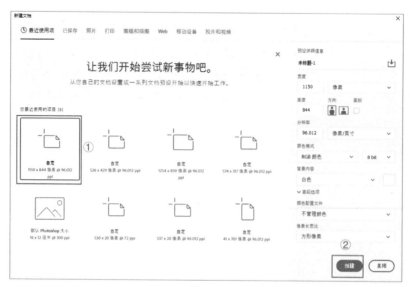

图 4-2

4.1.2 打开图像文件

如果要对一个图像文件进行修改和处理，那么就要先打开这个图像文件，
操作步骤如下：

1 选择【文件】→【打开】命令或按【Ctrl+O】组合键，如图4-3所示。

图 4-3

2 弹出【打开】对话框，选择要打开图像，单击【打开】按钮，如图4-4
所示。

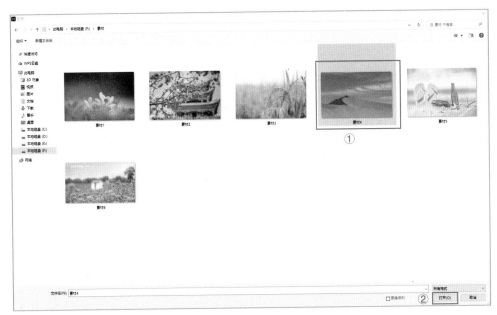

图 4-4

3 打开后的图像在Photoshop中的显示效果，如图4-5所示。

图 4-5

4.1.3 存储图像文件

当制作和处理好图像后，就要对其进行保存。存储图像的方法主要有两种。

如果想把对图片的改动保存在当前图像中，执行【文件】→【存储】命令，或按【Ctrl+S】组合键即可，如图 4-6 所示。

如果想把图像保存为另一种格式，或者想把修改后的图像和源文件一起保存起来，那么可以执行【文件】→【存储为】命令，如图 4-7 所示，这时会弹出一个【存储为】对话框，在这个对话框里，单击【保存类型】，会弹出一个菜单，如图 4-8 所示，在这个菜单中，可以选择文件的保存类型。

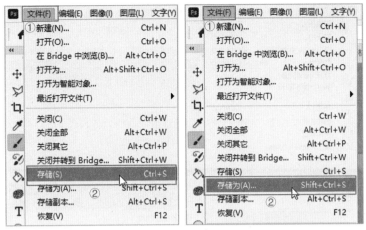

图 4-6   图 4-7

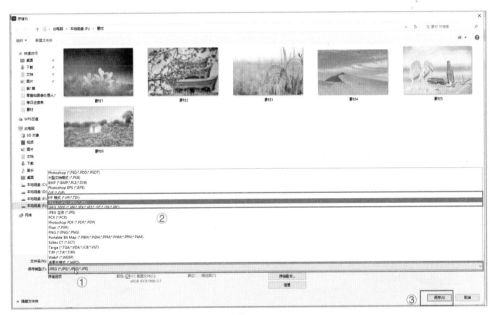

图 4-8

有时我们想把做好的图像传到网上，比如，电商需要使用的图片，这时执行【文件】→【导出】→【存储为 Web 所用格式】命令即可，如图 4-9 所示，这时会弹出【存储为 Web 所用格式】对话框，如图 4-10 所示。

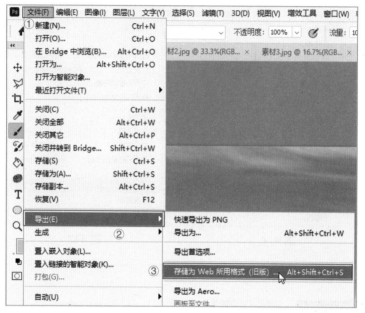

图 4-9

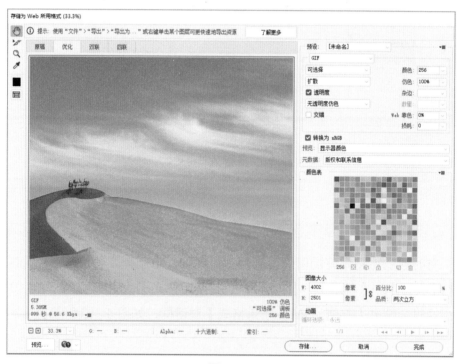

图 4-10

4.1.4　调整图像尺寸

如果需要改变图像的大小，可以通过调整图像的分辨率、尺寸来进行，操作步骤如下：

选择一张图片，执行【图像】→【图像大小】命令，弹出【图像大小】对话框，如图 4-11 所示。在【宽度】【高度】【分辨率】文本框中输入数值，即可改变图像的大小。

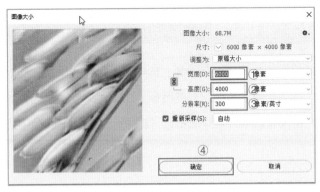

图 4-11

4.1.5　调整画布尺寸

画布是图像的显示区域，在处理图像时，如果需要调整画布的大小，我们只需要执行【图像 / 画布大小】命令，弹出【画布大小】对话框，如图 4-12 所示。在【宽度】【高度】文本框中输入数值，即可改变画布的尺寸。

图 4-12

实用贴士

　　图像的分辨率是指每英寸所包含的像素点，图像的分辨率越高，则图像的信息量就越大，相应的文件也会更大些。

4.2 选区与抠图

　　选区是指用图像选择工具在图像上选择一个特定的区域，针对这个特定区域进行处理，不会影响到选区之外的图像，比如擦除背景颜色、对人物的面部进行修饰等。抠图在图像处理中是把图片的某一部分从原图像中分离出来成为单独的图层。

4.2.1 创建选区

　　我们通过创建选区工具，可以创建规则选区，也可以创建不规则选区，创建规则选区的工具有【矩形选框工具】【椭圆选框工具】【单行选择工具】【单列选择工具】这四种工具，创建不规则选区的工具有【套索工具】【多边形套索工具】【磁性套索工具】【对象选择工具】【魔棒工具】等。

1.选框工具组

　　选框工具是创建选区最简单的工具，右键单击图标，会弹出一个菜单，如图 4-13 所示。选择【椭圆选框工具】在图像上可以创建一个椭圆形的选区，如图 4-14 所示。

　　在拖动鼠标创建选区的时候，同时按住【Shift】键，利用【椭圆选框工具】可以创建一个圆形选区，用【矩形选框工具】可以

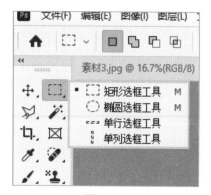

图 4-13

创建一个正方形选区。

图 4-14

2.套索工具组

套索工具组包括【套索工具】【多边形套索工具】【磁性套索工具】，如图 4-15 所示，它们比选框工具具有更高的灵活性，它们可以高效率地创建任意形状的选区。

（1）套索工具

使用【套索工具】的操作步骤如下：

1　打开一张图片，如图4-16所示。

2　选择【套索工具】，然后按住鼠标左键不

图 4-15

放，拖动鼠标，画出一片首尾闭合的区域，释放鼠标，这样选区就创建完毕了，如图4-17所示。

图 4-16   图 4-17

使用【套索工具】创建选区，如果没有用鼠标将起点与终点连接起来，那么系统会用直线将起点与终点连接起来，形成封闭区域。

（2）多边形套索工具

【多边形套索工具】比【套索工具】灵活性更大，它通过鼠标单击的两点之间连接的线段，围成一个封闭的区域，来创建选区，操作步骤如下：

1　打开一张图片，如图4-18所示。

2　选择【多变套索工具】，在图像中多次单击，创建出折线，使起点与终点重合，形成一个闭合区域，即可完成选区的创建，如图4-19所示。

图 4-18   图 4-19

（3）磁性套索工具

【磁性套索工具】能够自动检测和跟踪对象的边缘。在选择对象的边缘较为清晰，并且与背景颜色对比明显的情况下，使用【磁性套索工具】能快速选中对象。具体的使用方法如下：

1　打开一张图片，如图4-20所示。

2　选择【磁性套索工具】，在图像中单击并沿着图像边缘拖动鼠标，如图4-21所示，最终形成一个闭合选区，即创建成功。

图 4-20

图 4-21

4.2.2 移动选区

在图像窗口创建选区后，可能选区的位置并不符合要求，这时就需要移动选区。移动选区的操作步骤如下：

1　打开一张图像，在工具箱中选择【椭圆选框工具】，如图4-22所示。

图 4-22

2　在图像上创建一个圆形选区，如图4-23所示。

3　要移动圆形选区，使图像中的钟表完全在选区内，这时把鼠标光标移动到选区，当选区呈现【⬚】形状，如图4-24所示，然后拖动即可。

图 4-23

图 4-24

选区创建好之后，也可以直接用键盘上的方向键移动选区。

实用贴士　　　选区创建好之后，按住 Ctrl 键，选区内的鼠标指针就会变成【▸】形状，此时拖动选区，选区内的图像也会随着一起移动。

4.2.3　反选选区

处理图像时，只想保留图像中被选中的部分，把其他部分都擦除掉，操作步骤如下：

1 打开一张图像，在工具箱中选择【椭圆选框工具】，在想要的图像区域部分创建选区，如图4-25所示。

2 执行【选择】→【反选】命令，如图4-26所示。或者在图像上任意位置单击鼠标右键，在弹出的快捷菜单中选择【选择反向】命令，如图4-27所示。

3 这样原来被选中的圆形选区以外的区域就被选中了，如图4-28所示。

4 按【Delete】键，被选中的区域被删除掉，最终效果如图4-29所示。

图 4-25

图 4-26

图 4-27

图 4-28

图 4-29

4.2.4 抠图

抠图是处理图像时的常用操作，当需要抠出具有明显颜色差异的图像时，魔棒工具是较为常用的工具，操作步骤如下：

1️⃣ 打开一张图片，如图4-30所示，要把这个小女孩从这张图像中抠出来，在工具箱中选择【魔棒工具】，如图4-31所示。

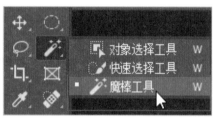

图 4-30   图 4-31

2️⃣ 在图片色彩比较一致的区域单击，大部分色块被选中，如图4-32所示。

3️⃣ 但是女孩胳膊内侧的相同颜色区域未被选中，要想把这部分一起选中，只需要单击鼠标右键，在弹出的快捷菜单中选择【选取相似】命令，如图4-33所示，与选中颜色相似的区域就被选中了，如图4-34所示。

4️⃣ 按【Delete】键，删除被选中区域，得到图像的效果如图4-35所示。

图 4-32   图 4-33

图 4-34

图 4-35

5　按【Crtl+D】组合键，取消选区，再用【魔棒工具】选中另一色块区域，如图4-36所示。

6　按【Delete】键，删除被选中区域，【Ctrl+D】组合键，取消选区，得到图像的效果如图4-37所示。

7　在工具箱中选择【橡皮擦工具】，如图4-38所示，用【橡皮擦工具】擦除图像中不需要的部分，如图4-39所示，最终得到的抠图效果如图4-40所示。

图 4-36

图 4-37

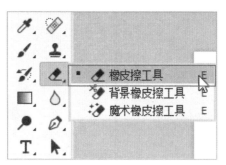

图 4-38

图 4-39

图 4-40

4.3 调整图像色彩

Photoshop 可以用来调整图像的色彩，为了达到理想的色彩效果，可以使用【亮度／对比度】【色阶】【曲线】等命令对图像进行相应的处理。

4.3.1 亮度/对比度

用【亮度／对比度】命令可以调整整个图像的亮度和对比度，操作步骤如下：

1 打开一张图片，如图4-41所示。执行【图像】→【调整】→【亮度/对比度】命令，如图4-42所示。

图 4-41

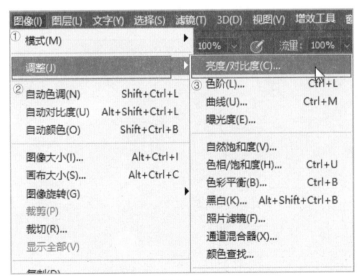

图 4-42

2 在弹出的【亮度/对比度】对话框中，通过拖曳亮度和对比度滑块来分别调整图像的亮度和对比度，单击【确定】按钮，如图4-43所示。

3 得到的图像如图4-44所示。

图 4-43 　　　　　　　　　　　　　　　　　　图 4-44

4.3.2　色阶

　　【色阶】命令不仅可以对图像进行明暗对比的调整，还可以对图像的阴影、中间调和高光强度级别以及各个通道进行调整，操作步骤如下：

1　　打开一张图片，如图4-45所示。执行【图像】→【调整】→【色阶】命令，如图4-46所示，弹出【色阶】对话框，如图4-47所示。

图 4-45

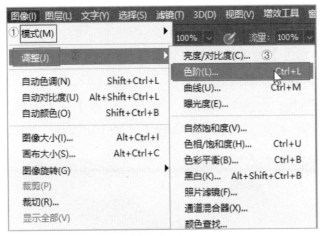

图 4-46

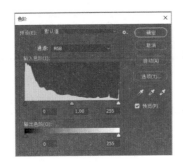

图 4-47

2 在弹出的【色阶】对话框中,可设置图像的输入色阶和输出色阶,单击【确定】按钮,如图4-48所示。

3 得到的图像如图4-49所示。

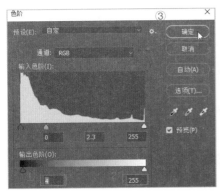

图 4-48

图 4-49

4.3.3 色相/饱和度

【色相 / 饱和度】命令可以用来调整整个图像或图像中单个颜色的色相、饱和度和亮度，操作步骤如下：

1 打开一张图片，如图4-50所示。执行【图像】→【调整】→【色相/饱和度】命令，如图4-51所示，弹出【色阶】对话框，如图4-52所示。

图 4-50

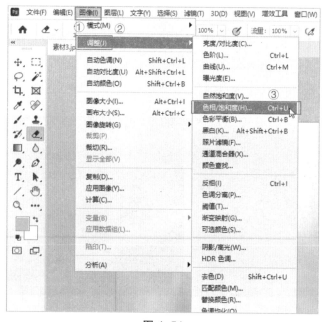

图 4-51

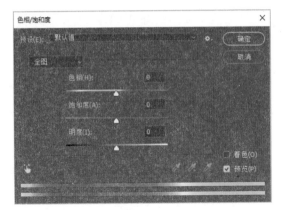

图 4-52

2 在弹出的【色相/饱和度】对话框中，可设置图像的色相、饱和度和明度，
单击【确定】按钮，如图4-53所示。

3 得到的图像如图4-54所示。

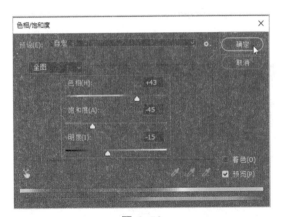

图 4-53

图 4-54

调整图像的其他命令与以上三种命令的操作方式相似，这里就不再赘述。

4.4 裁剪与修复图像

当图像过大或者有瑕疵时，可以对图像进行裁剪与修复，下面主要介绍一下裁剪工具、仿制图章工具和污点修复画笔工具。

4.4.1 裁剪工具

【裁剪工具】可以将图像中不需要的部分裁掉，操作步骤如下：

1 打开一张图像，如图4-55所示。

2 在工具箱中选择【裁剪工具】，如图4-56所示。

图4-55   图4-56

3 选中【裁剪工具】之后，图像的周围会出现8个控制点，如图4-57所示。

4 将鼠标指针移到图像上方的边沿处，指针会变成黑色的双箭头形状，向下拖动鼠标，图像上方区域的图像被遮挡，如图4-58所示。

5 拖动鼠标到合适位置，按【Enter】键即可完成裁剪，效果如图4-59所示。

图 4-57

图 4-58

图 4-59

以上方法是对整幅图进行裁剪，也可以像创建选区那样，直接在需要的图像部位，拖动鼠标画框，选定要裁剪的区域，操作步骤如下：

1 在工具箱中选择【裁剪工具】，此时图像四周会出现8个控制点，鼠标光标显示为【裁剪工具】的图标的形状，如图4-60所示。

2 按住鼠标左键，在图像中拖动，创建一个要裁剪的区域，如图4-61所示。

图 4-60   图 4-61

3 松开鼠标左键，图像显示如图4-62所示。

4 按【Enter】键完成裁剪，效果如图4-63所示。

图 4-62   图 4-63

4.4.2 　仿制图章工具

　　把图像中的污点掩盖掉，且使其看不出与周围图像有明显差异，使用【仿制图章工具】可以指定污点周围的像素点为复制基准点，将其复制到污点上方，达到消除污点的效果，操作步骤如下：

1️⃣　打开一张图片，如图4-64所示。

2️⃣　要把香蕉上的黑点消除掉，在工具箱中选择【仿制图章工具】，如图4-65所示。

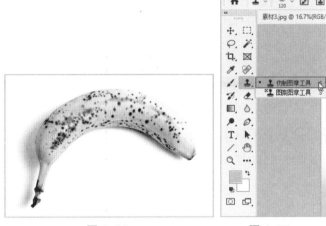

图 4-64　　　　　　　　　　图 4-65

3️⃣　将【仿制图章工具】的鼠标光标置于正常的颜色之上，如图4-66所示。按住【Alt】键，鼠标光标变为圆形十字图标，单击定下取样点，松开鼠标左键和【Alt】键，在黑点上单击，把黑点遮掩掉，如图4-67所示。

4️⃣　重复以上操作，消除黑点后的区域效果如图4-68所示。

图 4-66　　　　　　　　　图 4-67　　　　　　　　　图 4-68

4.4.3 污点修复画笔工具

【污点修复画笔工具】与【仿制图章工具】的功能类似，不同的是【污点修复画笔工具】会自动对图像中的不透明度、颜色与质感进行像素取样，只需在污点上拖动鼠标涂抹即可校正图像上的污点，操作步骤如下：

1️⃣ 打开一张图片，如图4-69所示。

2️⃣ 选择【污点修复画笔工具】，将鼠标光标置于黑点之上，按住鼠标左键涂抹，如图4-70所示。

图 4-69   图 4-70

3️⃣ 用【污点修复画笔工具】处理后的图片，如图4-71所示。

4️⃣ 重复以上操作，被处理部分的效果如图4-72所示。

图 4-71   图 4-72

4.5 添加文字

在图像中添加文字，不仅能传达文字所要表达的信息，还能使图像更加美观，这里主要介绍输入点文本和段落文本。

4.5.1 文字工具组

【文字工具组】包括【横排文字工具】【直排文字工具】【直排文字蒙版工具】【直排文字蒙版工具】，在工具箱中，选择【横排文字工具】，可在【文字】工具选项栏中设置文字属性。【文字】工具选项栏如图4-73所示。

图 4-73

4.5.2 输入点文字

建立点文字图层就是以点的方式建立文字图层，操作步骤如下：

1. 打开一张图片，在工具箱中选择【横排文字工具】，如图4-74所示。

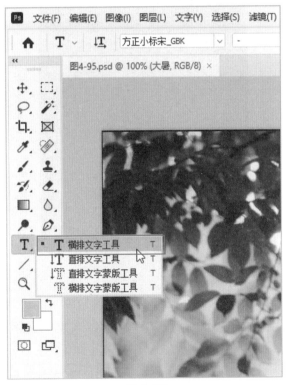

图 4-74

2. 在图像窗口中的目标位置单击鼠标左键，此时出现一个文字的插入点，如图4-75所示。

3 输入需要的文字，效果如图4-76所示。在输入文字的同时，【图层】面板中自动生成一个新的文字图层，如图4-77所示。

图 4-75

图 4-76

图 4-77

4.5.3 输入段落文字

建立段落文字图层就是以段落文字框的方式建立文字图层，操作步骤如下：

1 在工具箱中选择【横排文字工具】，在图像窗口中的目标位置单击并按住鼠标左键不放，拖曳鼠标左键在图像窗口中创建一个段落定界框，如图4-78所示。

2 　插入点显示在定界框的左上角，段落定界框具有自动换行的功能，如果输入的文字较多，当文字遇到定界框时，会自动移至下一行显示。

3 　输入文字，如果输入的文字需要分出段落，可以按【Enter】键进行操作，效果如图4-79所示。

图 4-78

图 4-79

　　使用横排文字工具或直排文字工具创建选区的过程是在蒙版中进行的。

4.6 图层的应用

　　图像处理中经常要用到图层，图层最大的特点是在修改其中某个图层的时候，不会影响到其他图层，且能实现图层叠加的效果。

4.6.1 基本操作

　　对图层的处理基本都在【图层】面板中进行，常见的操作有新建图层、复制图层、删除图层、锁定图层与链接图层等。

1.新建图层

　　新建图层的操作步骤如下:

1　打开一张图片，如图4-80所示。

图 4-80

2　这时【图层】面板中出现一个【背景】图层，如图4-81所示。

3　单击【图层】面板中的【创建新的图层】按钮，如图4-82所示。

图 4-81

图 4-82

4 创建的图层如图4-83所示。

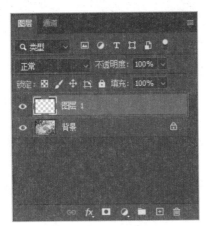

图 4-83

2.复制图层

复制图层的操作步骤如下：

1 选中新建的【图层1】，单击鼠标右键，在弹出的快捷菜单中选择【复制图层】命令，如图4-84所示。

2 复制新增的图层如图4-85所示。

图 4-84

图 4-85

3.删除图层

删除图层的操作步骤如下：

在【图层】面板中选中要删除的图层，单击鼠标右键，在弹出的快捷菜单中选择【删除图层】命令，如图 4-86 所示。

也可以在选中要删除的图层后，直接用鼠标将该图层拖到【图层】面板右下角的【删除图层】按钮上即可删除，如图 4-87 所示。

图 4-86

图 4-87

4.合并图层

合并图层的操作步骤如下：

1 在工具箱中选择【直排文字工具】，如图4-88所示，在图层1中输入"【大暑】"两个字，如图4-89所示，把图层1和背景图层合并，只需要选中背景图层单击鼠标右键，在弹出的快捷菜单中选择【合并可见图层】命令，如图4-90所示，合并后的图层，如图4-91所示。

图 4-88

图 4-89

145

2　打开【历史记录】面板，选择"合并可见图层"的上一步骤，即可取消
　图层合并，如图4-92所示。

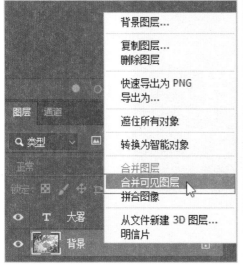

图 4-90

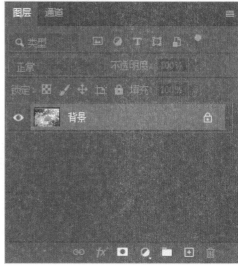

图 4-91

图 4-92

5.锁定图层

锁定图层的操作步骤如下：

1　为了不让文字移动、更改，选中文字图层，在【图层面板】中单击【锁
　定全部】按钮，如图4-93所示。

2　图层被锁定，被锁定的图层右边有一个锁形图标，如图4-94所示。
　要想解除图层锁定状态，再次单击【锁定全部】按钮即可。

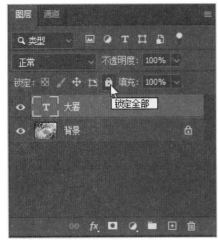

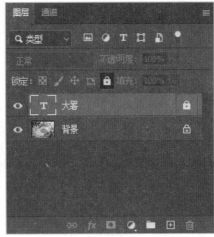

图 4-93　　　　　　　　　　　　　　　　图 4-94

6.链接图层

　　新建一个图层，在图层中画一个矩形，填充绿色作为文字的底色，如图4-95 所示，文字和底色对齐后，要一起移动，就要把文字【大暑】图层和【矩形 1】图层链接起来，选中这两个图层，在【图层面板】的左下角，单击【链接图层】按钮，如图 4-96 所示，即可把这两个图层链接起来，链接后的图层右边会有一个链接按钮，如图 4-97 所示，再次单击【链接图层】按钮，即可解除对图层的链接。

图 4-95

图 4-96

图 4-97

4.6.2 图层样式

图层样式可以使图层显示一些特殊的效果。执行【图层】→【图层样式】
→【混合选项】命令，如图 4-98 所示，即可弹出【图层样式】对话框，挑
选以下几种图层样式进行讲解。

图 4-98

【斜面和浮雕】命令用于使图像产生一种倾斜与浮雕的效果。设置斜面和浮雕效果的操作步骤如下：

1　打开以上操作保存的一个PSD文件，选中"大暑"文字图层，单击鼠标右键，在弹出的快捷菜单中，单击【混合选项】命令，如图4-99所示。

图 4-99

2　弹出【图层样式】对话框，在左侧选择【斜面和浮雕】选项，在右侧的【斜面和浮雕】界面中设置数据参数，单击【确定】按钮，如图4-100所示。最终图像效果，如图4-101所示。

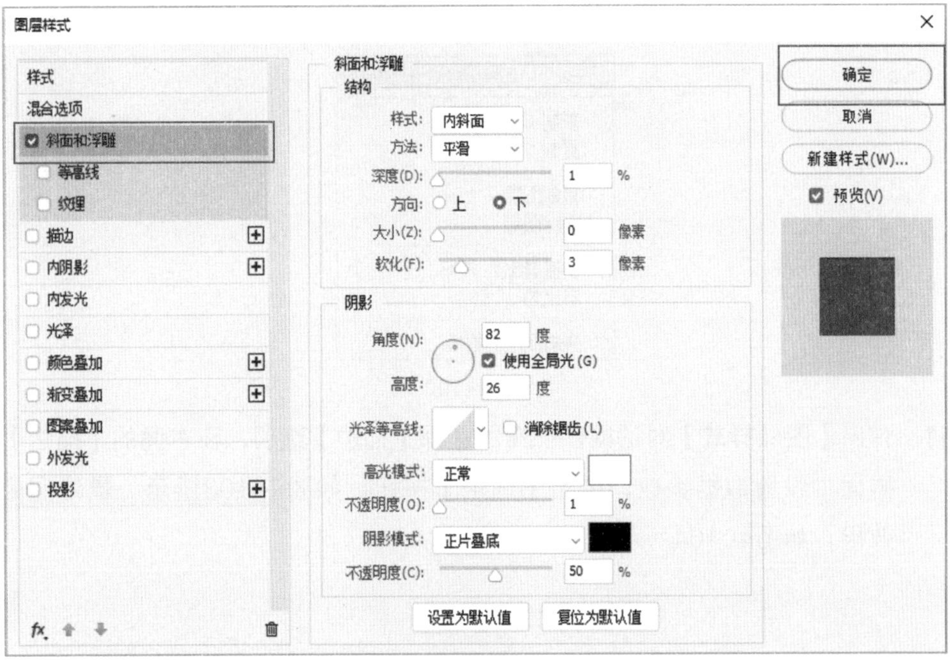

图 4-100

图 4-101

【描边】命令可以为图层中的图像添加内部、居中或外部的单色、渐变或图案效果，设置描边效果的操作步骤如下：

1 与使用【斜面和浮雕】命令类似，选中"大暑"文字图层单击鼠标右键，在弹出的快捷菜单中，单击【混合选项】命令，如图4-102所示。

图 4-102

2 弹出【图层样式】对话框，在左侧选择【描边】选项，在右侧的【描边】界面中设置数据参数，单击【确定】按钮，如图4-103所示。最终图像效果，如图4-104所示。

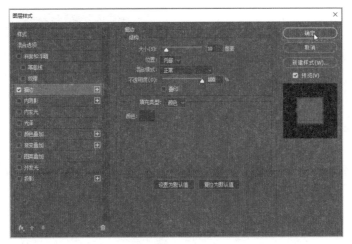

图 4-103

图 4-104

4.6.3　图层组

当图层较多的时候，为了方便管理，可以创建图层组，操作步骤如下：

1　单击【图层】面板中的【创建新组】按钮，如图4-105所示，即可建立一新的图层组，如图4-106所示。

2　在创建的图层组中可以新建图层，也可以把组外的图层拖入图层组中，如图4-107所示。

151

图 4-105

图 4-106

图 4-107

实用贴士

　　在【图层】面板中选择图层组后，执行【图层】→【合并组】命令，即可将图层中的所有图层合并为一个单独图层。

4.7　滤镜特效

用滤镜处理图像，可以使图像显示出各种不同的奇特效果，效果相似的滤镜组成一个像素组，使用起来也十分方便。常用的滤镜有风格化滤镜、模糊滤镜、扭曲滤镜等。

4.7.1　风格化滤镜

风格化滤镜可以使图像产生一种印象派的图像效果。风格化滤镜有查找边缘滤镜、等高线滤镜、风滤镜、曝光过度滤镜、照亮边缘滤镜等。下面以查找边缘和拼贴为例进行讲解，操作步骤如下：

1　打开一张图，如图4-108所示。

图 4-108

2　执行【滤镜】→【风格化】→【查找边缘】命令，如图4-109所示。

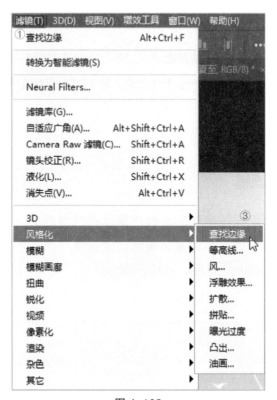

图 4-109

3　最终图片效果如图4-110所示。

图 4-110

4　在【历史记录】面板中，返回上一步操作，如图4-111所示。

图 4-111

5　执行【滤镜】→【风格化】→【拼贴】命令，弹出【拼贴】对话框，在
　　对话框中进行相关设置，单击【确定】按钮，如图4-112所示。

6　最终效果如图4-113所示。

图 4-112

图 4-113

4.7.2 模糊滤镜

模糊滤镜可以减少图像边界像素的颜色差异，使图像产生模糊的效果。模糊滤镜有表面模糊、动感模糊、高斯模糊、径向模糊、镜头模糊、特殊模糊等。下面以表面模糊为例进行讲解，操作步骤如下：

1 打开一张图，如图4-114所示。

图 4-114

② 执行【滤镜】→【模糊】→【表面模糊】命令，如图4-115所示。

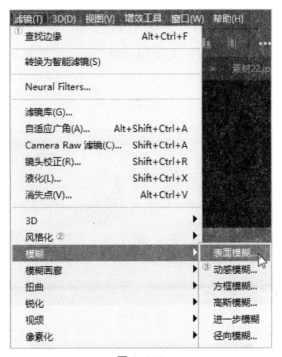

图 4-115

③ 弹出【表面模糊】对话框，在对话框中进行相关设置，单击【确定】按
钮，如图4-116所示。

④ 最终图片效果如图4-117所示。

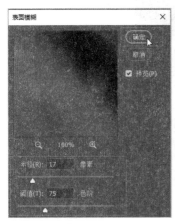

图 4-116

图 4-117

4.7.3 扭曲滤镜

扭曲滤镜可使图像产生各种各样的扭曲变形效果。扭曲滤镜有波浪、波纹、极坐标、挤压、球面化等。下面以波浪为例进行讲解，操作步骤如下：

1️⃣ 打开一张图，如图4-118所示。

2️⃣ 执行【滤镜】→【扭曲】→【波浪】命令，如图4-119所示。

图 4-118

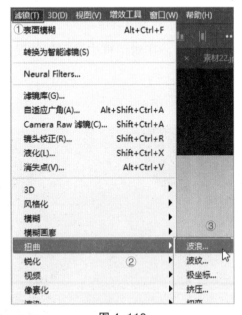

图 4-119

3️⃣ 弹出【波浪】对话框，在对话框中进行相关设置，单击【确定】按钮，如图4-120所示。

图 4-120

4　最终图片效果，如图4-121所示。

图 4-121

4.7.4　渲染滤镜

渲染滤镜可绘制火焰、图片框、各种类型的树木、云彩图案以及模拟光线反射和场景中的光照效果，渲染滤镜有火焰、图片框、树、分层云彩、镜头光晕、纤维、云彩等。下面以分层云彩、镜头光晕滤镜为例进行讲解，操作步骤如下：

1　打开一张图，如图4-122所示。

图 4-122

2　执行【滤镜】→【渲染】→【分层云彩】命令，如图4-123所示。

3　最终图片效果如图4-124所示。

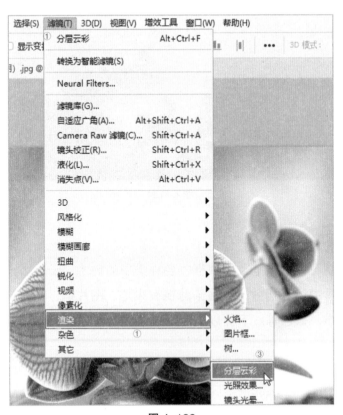

图 4-123

图 4-124

4　打开【历史记录】面板，单击【分层云彩】的上一步，如图4-125所示，图像恢复原始状态。

5　执行【滤镜】→【渲染】→【镜头光晕】命令，如图4-126所示。

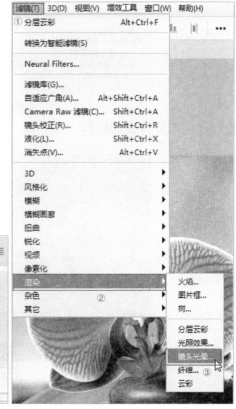

图 4-125　　　　　　　　　图 4-126

6 弹出【镜头光晕】对话框，在对话框中调节亮度为【149%】，然后单击【确定】按钮，如图4-127所示。

图 4-127

7 最终图片效果如图4-128所示。

图 4-128

其他滤镜的使用方法类似，这里就不再赘述。

PDF是一种常用的文档格式，可以包含丰富的图文信息，且无法随意编辑改动，用途十分广泛。本章介绍了Adobe Acrobat对PDF文档的处理方法。通过学习本章，读者可以快速掌握PDF文档处理的一些应用技巧。

学习要点：★掌握用Adobe Acrobat创建、保存、查看和编辑PDF文档

★掌握用Adobe Acrobat对PDF文档进行拆分、合并、插入、替换等操作

★掌握用Adobe Acrobat将PDF文档转换为其他格式的文档

5.1 PDF文档的新建与保存

平常使用的 PDF 文档，一般都是由排版文件导出生成的，而今天介绍的 Adobe Acrobat 可以新建 PDF 文档并把它保存起来。

5.1.1 新建PDF文档

用 Adobe Acrobat 新建 PDF 文档的操作步骤如下：

1　双击打开Adobe Acrobat，软件的界面如图5-1所示。

图 5-1

2　单击【工具】按钮，切换到【工具】面板，在【工具】面板中单击【创建PDF】按钮，如图5-2所示。

3　切换到【创建PDF】界面，可以看到创建文件的方式有单一文件、多个文件、扫描仪、网页、剪贴板、空白页面这几种方式，这里选择【单一文件】，然后单击右侧的【选择文件】，如图5-3所示。

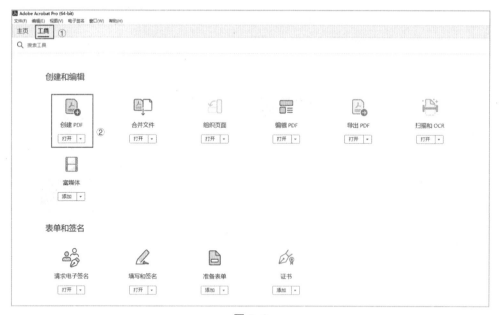

图 5-2

图 5-3

④ 弹出【打开】对话框，在文件夹中找到要创建为PDF的文件，单击【打开】按钮，如图5-4所示。

图 5-4

5 文件被选择后，单击【创建】按钮，如图5-5所示。

图 5-5

6 最终得到的文档如图5-6所示。

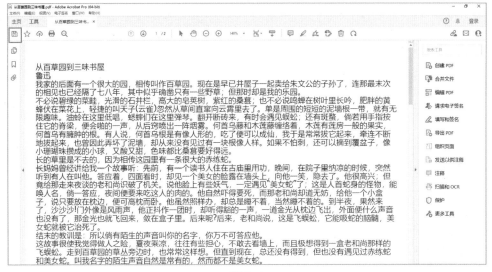

图 5-6

5.1.2　保存PDF文档

保存 PDF 文档的操作步骤如下：

1. 单击左上角的【保存】按钮，弹出【另存为PDF】对话框，单击蓝色选框，如图5-7所示。

图 5-7

② 弹出【另存为】对话框，设置好保存路径、文件名和保存类型，单击【保存】按钮，如图5-8所示。

图 5-8

③ 在素材文件夹中即可看到保存好的PDF文档，如图5-9所示。

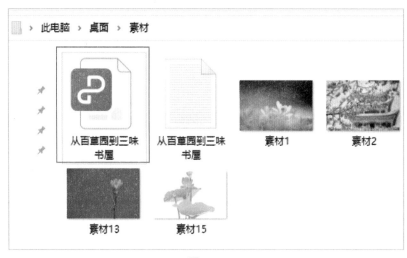

图 5-9

5.2　PDF文档的查看和编辑

Adobe Acrobat 支持查看和编辑 PDF 文档，如阅读 PDF 文档，编辑文字、图片，添加水印等。

5.2.1　查看PDF文档

查看 PDF 文档和查看文字、表格及演示文稿文档的方法一致，操作步骤如下：

1. 单击【文件】→【打开】命令，如图5-10所示，打开要查看的PDF文档，如图5-11所示。

图 5-10

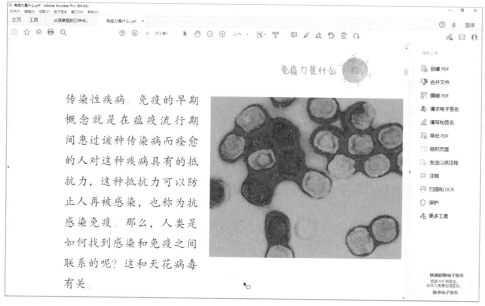

图 5-11

2 单击文档上方的向上的按钮和向下的按钮，可以翻页，如图5-12所示。

图 5-12

3 执行【视图】→【页面显示】→【双页滚动】命令，如图5-13所示，PDF分两页显示，如图5-14所示。

4 执行【视图】→【阅读模式】命令，如图5-15所示，右侧的任务窗格会隐藏掉，如图5-16所示。

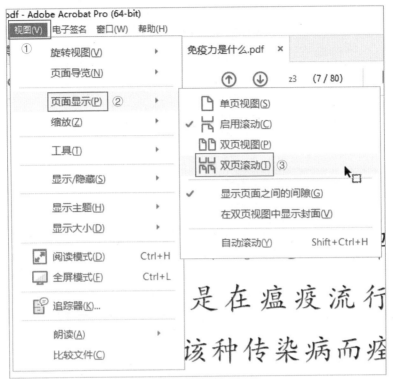

图 5-13

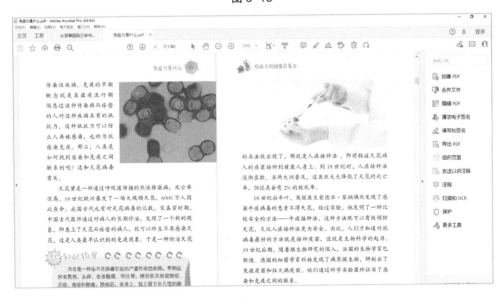

图 5-14

图 5-15

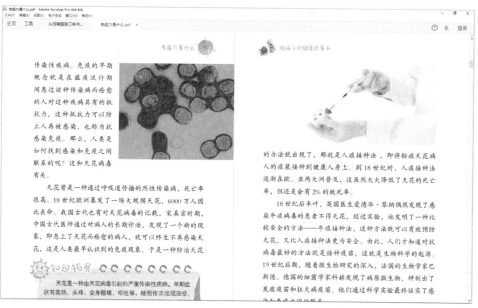

图 5-16

5.2.2 编辑PDF文档

Adobe Acrobat 可以用来编辑 PDF 文档中的文字和图片，操作步骤如下：

1 打开一个PDF文档，单击右侧任务窗格中的【编辑PDF】按钮，如图 5-17所示。

图 5-17

2 PDF即进入可编辑状态，如图5-18所示。

图 5-18

3 将鼠标光标置于文字之上，单击，即可对文字进行编辑改动，如图5-19 所示。

4 将鼠标光标置于图片之上，单击，图片四周出现8个控制点，如图5-20 所示。

图 5-19

图 5-20

5 用鼠标调整图片大小，如图5-21所示。

6 按【Delete】键可以直接删除图片，如图5-22所示。

图 5-21

图 5-22

5.3 PDF文档的页面编辑

Adobe Acrobat 可以对 PDF 文档进行页面编辑，包括合并与拆分、提取、插入、替换等操作。

5.3.1 拆分与合并PDF文档

Adobe Acrobat 可以把一个 PDF 文档拆分为多个 PDF 文档，也可以把多个 PDF 文档合并为一个 PDF 文档。

1.拆分PDF文档

把一个文档拆分为多个文档的操作步骤如下：

1. 打开一个PDF文档，执行【视图】→【工具】→【组织页面】→【打开】命令，如图5-23所示，文档进入组织页面，如图5-24所示。

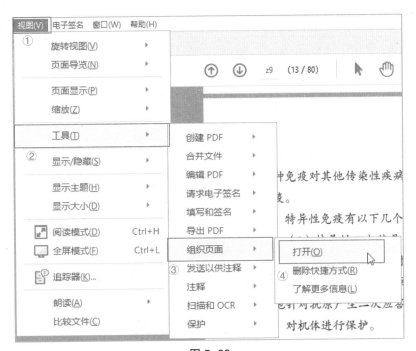

图 5-23

图 5-24

2️⃣ 单击工具栏中的【 ✂ 拆分 】按钮，下方出现一排选项，如图5-25所示。

3️⃣ 在【页数】右边的文本框中输入数字"40"，单击【 拆分 】按钮，如图5-26所示。

图 5-25

图 5-26

4️⃣ 弹出一个提示框，提示【文档已成功拆分为2个文档。】，单击【确定】按钮，如图5-27所示。

5️⃣ 这时【素材】文件夹中出现被拆分的两个PDF文档，如图5-28所示。

图 5-27

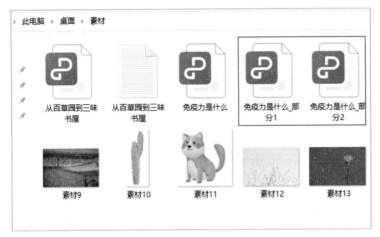

图 5-28

2.合并PDF文档

把多个文档合并为一个文档的操作步骤如下：

1. 双击打开Adobe Acrobat，单击【工具】按钮，切换到【工具】面板，在【工具】面板中单击【合并文件】按钮，如图5-29所示。

2. 进入【合并文件】界面，单击【添加文件】按钮，如图5-30所示。

3. 弹出【添加文件】对话框，按住【Shift】键，选择需要合并的文件，单击【打开】按钮，如图5-31所示。

4. 被选中的文件显示在【合并文件】界面，单击【合并】按钮，如图5-32所示。

5. 这样两个文件就合并为一个文件，如图5-33所示。

图 5-29

图 5-30

图 5-31

图 5-32

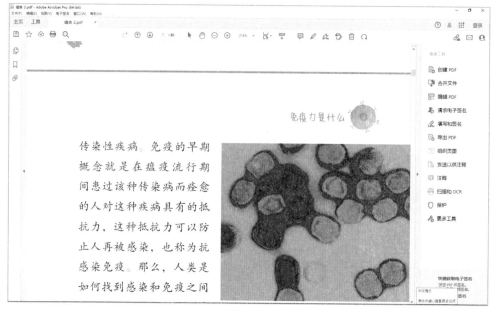

图 5-33

5.3.2 提取PDF文档中的页面

Adobe Acrobat 支持将 PDF 文档中的任意页面提取出来，并生成一个新的 PDF 文档，操作步骤如下：

1 双击打开Adobe Acrobat，单击【工具】按钮，切换到【工具】面板，在【工具】面板中单击【组织页面】按钮，如图5-34所示。

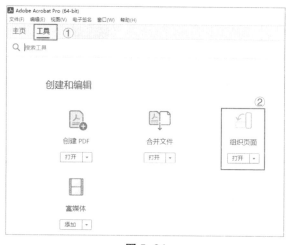

图 5-34

② 进入【组织页面】界面，单击【选择文件】按钮，如图5-35所示。

图 5-35

③ 弹出【打开】对话框，选择要提取页面的文档，单击【打开】按钮，如图5-36所示。

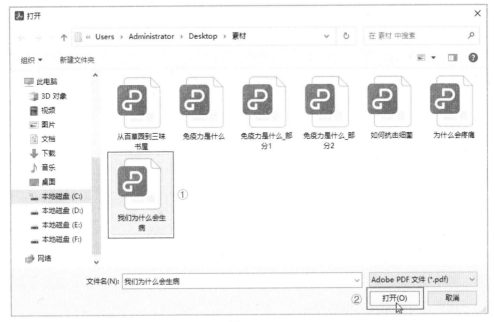

图 5-36

4 进入【组织页面】界面，选中要提取的页面，单击【提取】按钮，如图
5-37所示。

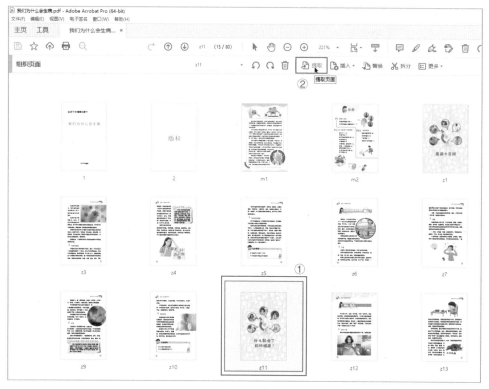

图 5-37

5 【提取】按钮下出现一排选项，勾选【在提取后删除页面】和【将页面提取为单独文件】两个复选框，然后单击【提取】按钮，如图5-38所示。

图 5-38

6 弹出【浏览文件夹】对话框，选择合适的文件夹，然后单击【确定】按钮即可，如图5-39所示。

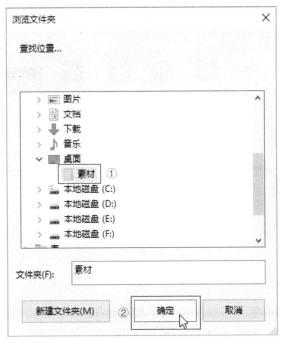

图 5-39

7　被提取的页面从文件中被删除，如图5-40所示，提取的页面作为一个单独的PDF文档出现在文件夹中，如图5-41所示。

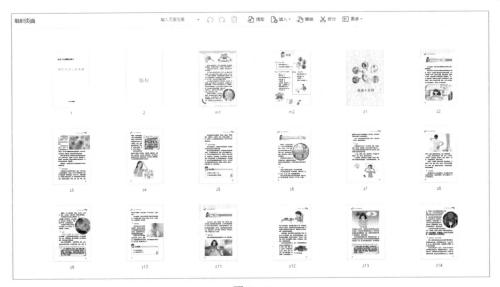

图 5-40

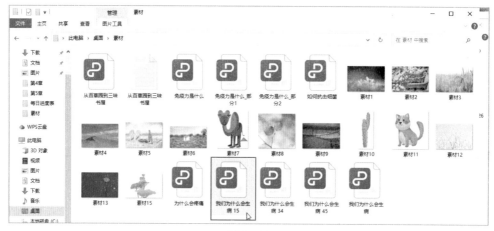

图 5-41

5.3.3 在PDF文档中插入新页面

在 PDF 文档中插入新页面的操作步骤如下：

1 按照上面的操作进入【组织页面】界面，确定好要插入的位置，单击【插入】按钮，在弹出的【选择要插入的文件】对话框中选择要插入的文件，单击【打开】按钮，如图5-42所示。

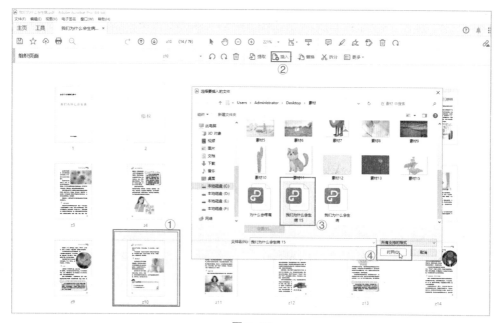

图 5-42

2 弹出【插入页面】对话框，【位置】选择为【之后】，单击【确定】按
钮，如图5-43所示。

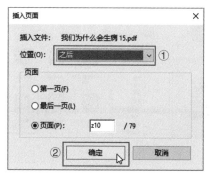

图 5-43

3 插入新页面的效果如图5-44所示。

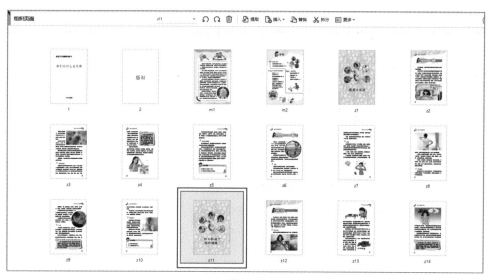

图 5-44

5.3.4 在PDF文档中替换页面

在 PDF 文档中替换页面的操作步骤如下：

1 按照上面的操作进入【组织页面】界面，选择要替换的页面，单击【替
换】按钮，弹出【选择包含新页面的文件】对话框，选择替换文件，单
击【打开】按钮，如图5-45所示。

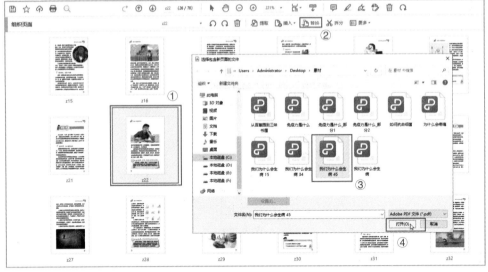

图 5-45

2 弹出【替换页面】对话框，然后单击【确定】按钮，如图5-46所示，随
即弹出一个提示框，提示【确定要替换页面z22吗？】，单击【是】按
钮，如图5-47所示。

图 5-46

图 5-47

3　页面替换后的效果如图5-48所示。

图 5-48

实用贴士

　　要想快速调整 PDF 文件中单个页面的位置，只需要在【组织页面】界面内，用鼠标选中页面，然后根据需要任意拖动鼠标，待找到合适位置，然后释放鼠标即可。

5.4　PDF文档格式的转换

　　Adobe Acrobat 可以把PDF文档转换为Microsoft Word、电子表格、PPT、图像、HTML 网页等不同格式的文档。

5.4.1　将PDF文档转换为Word文档格式

　　将 PDF 文档转换为 Word 文件格式，操作步骤如下：

1　打开一个PDF文档，在右侧的任务窗格中选择【导出PDF】选项，如图5-49所示。

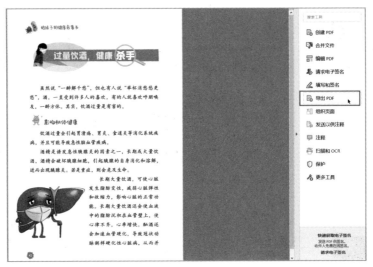

图 5-49

2　进入【导出PDF】界面，选择【Microsoft Word】→【Word文档】选项，单击【导出】按钮，如图5-50所示。

图 5-50

3　弹出【另存为】对话框，选择好要存储的文件夹，单击即可，如图5-51所示。

图 5-51

4　在素材文件夹中出现被转换好的Word文档，如图5-52所示，打开之后，如图5-53所示。

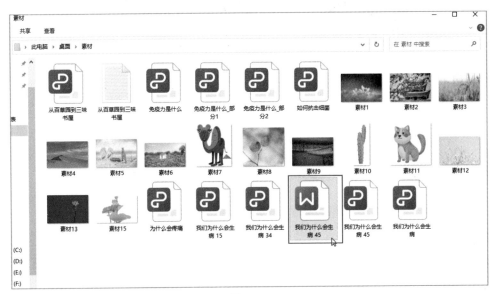

图 5-52

 给孩子的健康启蒙书

 过量饮酒，健康杀手

虽然说"一醉解千愁"，但也有人说"举杯消愁愁更愁"，酒，一直受到许多人的喜欢，有的人就喜欢呼朋唤友，一醉方休。其实，饮酒过量是有害的。

影响机体健康

饮酒过量会引起胃溃疡、胃炎、食道炎等消化系统疾病，并且可能导致急性脑血管疾病。

酒精是诱发急性胰腺炎的因素之一，长期或大量饮酒，酒精会破坏胰腺细胞，引起胰腺的自身消化和溶解，进而出现胰腺炎。若是重症，则会危及生命。

长期大量饮酒，可使心脏发生脂肪变性，减弱心脏弹性和收缩力，影响心脏的正常功能。长期大量饮酒还会使血液中的脂肪沉积在血管壁上，使心律不齐，心率增快。酗酒还会加速血管硬化，导致冠状动脉粥样硬化性心脏病，从而并

图 5-53

5.4.2 将PDF文档转换为图片格式

将 PDF 文档转换为图像格式，操作步骤如下：

1 打开一个PDF文档，在右侧的任务窗格中选择【导出PDF】选项。

2 进入【导出PDF】界面，选择【图像】→【PNG】选项，单击【导出】按钮，如图5-54所示。

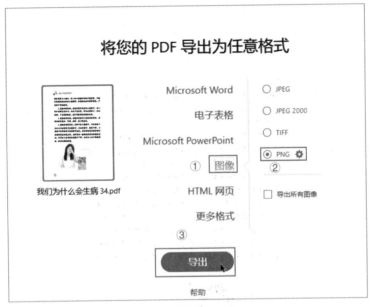

图 5-54

③ 弹出【另存为】对话框，选择好要存储的【素材】文件夹，单击即可。

④ 在素材文件夹中出现被转换好的图片文件，如图5-55所示，打开之后，如图5-56所示。

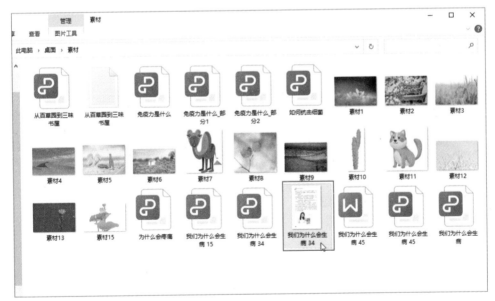

图 5-55

图 5-56

5.5 为PDF文档添加批注

Adobe Acrobat 提供了【注释】功能，与在 Word 中添加批注类似，用户也能在 PDF 文档上添加批注。

在 PDF 文档中添加批注的操作步骤如下：

1 打开一个PDF文档，在右侧的任务窗格中选择【注释】选项，如图5-57 所示。

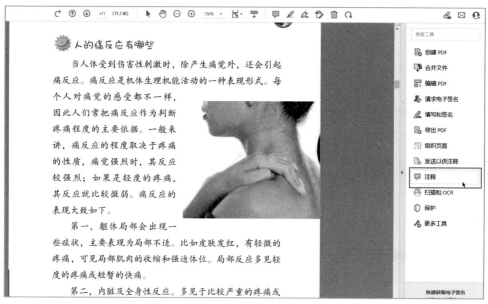

图 5-57

2 PDF文档进入【注释】界面，在文档的上方出现了一排可以用来注释的 工具，如图5-58所示。

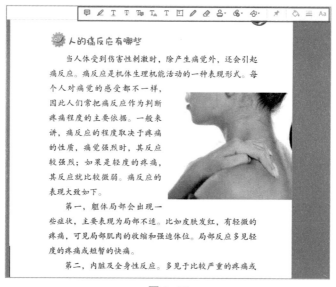

图 5-58

3　选中【添加附注】工具，在需要添加辅助的位置单击，右栏中会弹出一个文本框，在文本框中输入文字，然后单击【发布】按钮，如图5-59所示，这样附注就添加好了。

图 5-59

4　如果需要给文档添加高亮文本，选中【高亮文本】工具，在需要做高亮标记的文字上拖动鼠标光标即可，如图5-60所示。

图 5-60

5　给文本加下划线，其操作方法是选中【为文本加下划线】工具，在需要加下划线的文字上拖动鼠标光标即可，如图5-61所示。

6　给文本加删划线，其操作方法是选中【为文本加删划线】工具，在需要加删划线的文字上拖动鼠标光标即可，如图5-62所示。
其他添加批注的操作，与上述操作类似，就不再赘述。

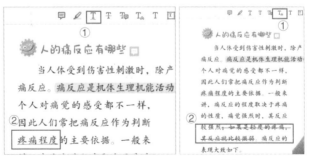

图 5-61　　　　　　图 5-62

Chapter

06

第 6 章

思维导图

目前，市场上有很多绘制思维导图的专业软件，常见的有XMind、MindMaster、FreeMind和MindManager等。本章节主要介绍的是用XMind制作思维导图。通过学习本章，读者可以快速掌握XMind制作思维导图的一些技巧。

学习要点：★了解思维导图

★熟练使用XMind制作思维导图

6.1 了解思维导图

思维导图可以把复杂的问题简单化，帮助理清思路，便于分析和辅助记忆。在工作中巧妙使用思维导图，可以大大提高工作效率。

思维导图可以将思考的过程可视化，本质上是为了引导思维而画的草图，在工作和学习中有着广泛的用途。

用 XMind 制作思维导图，分为免费体验版和需要购买的专业版两个版本，免费体验版可以把思维导图导出为图片格式。专业版除了可以导出为图片，还可以导出为 Word、Excel 和 PPT 格式。用户根据自己计算机的操作系统来选择要下载的版本即可。

6.2 制作思维导图

6.2.1 主题的分类

双击 XMind 的桌面图标，在【最近】界面单击【新建】按钮，如图 6-1 所示，即可新建一个默认的思维导图。在这个默认的思维导图中有中心主题和分支主题两个层级，如图 6-2 所示。

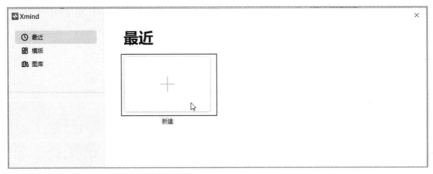

图 6-1

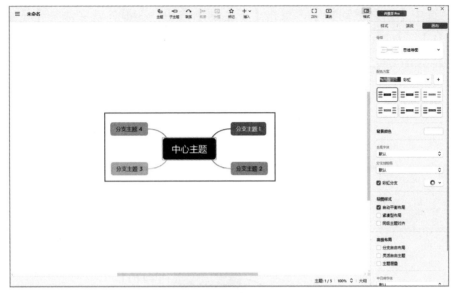

图 6-2

除了这两个主题，还有两个主题类型，它们分别是子主题和自由主题。
下面通过制作一个简单的思维导图，来了解主题的分类，操作步骤如下：

1 双击中心主题，在其中输入"动物"，在分支主题中输入"无脊椎动物"
和"脊椎动物"，把另外两个分支删掉，如图6-3所示。

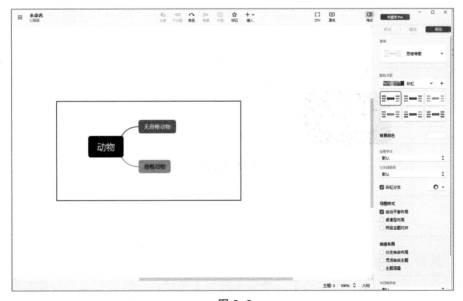

图 6-3

2 选中【无脊椎动物】，单击【子主题】按钮，在框外就会添加【子主题1】，如图6-4所示。

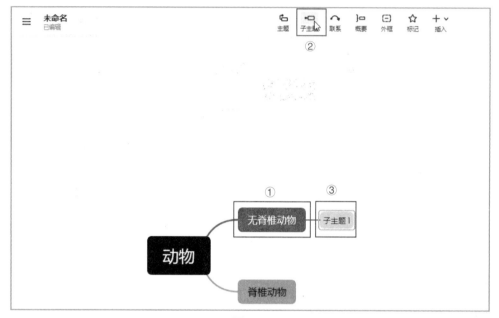

图 6-4

3 双击【子主题1】，在文本框中输入"原生动物"，如图6-5所示。

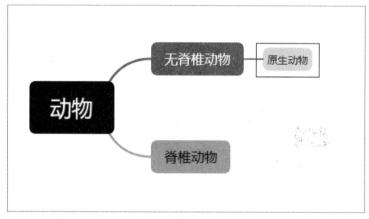

图 6-5

4 按照上述方式添加子主题，如图6-6所示。

5 单击子主题【环节动物】，单击【联系】按钮，这时会出现一个虚线条，紧挨着箭头的位置是一个手形标记，单击此标记，如图6-7所示。

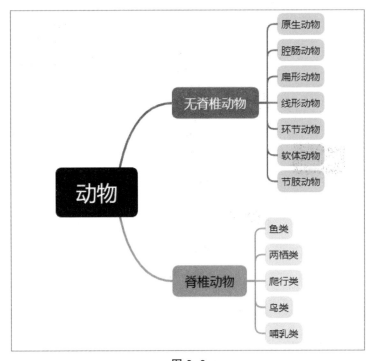

图 6-6

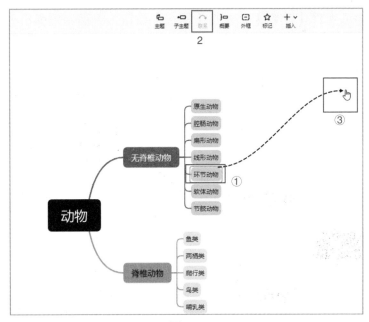

图 6-7

6 在鼠标单击的地方会出现一个【自由主题】，如图6-8所示。

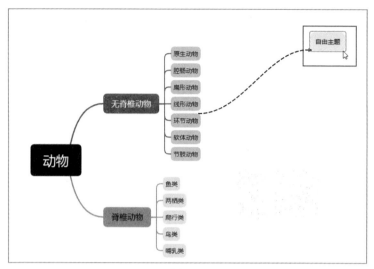

图 6-8

6.2.2 添加标记

为了使思维导图更富有逻辑，重点突出，可以在思维导图中添加一些标记，操作步骤如下：

1 选择中心主题【动物】，单击【标记】按钮，界面右侧弹出一个图标合集，如图6-9所示。

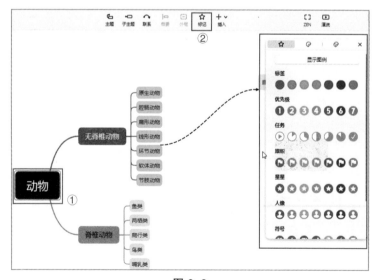

图 6-9

2 选择【优先级】中的序号，序号会添加到"动物"的左边，如图6-10 所示。

3 用上述方法在子主题【鱼类】处添加【星星】标记，用来强调该主题的 重要性，如图6-11所示。

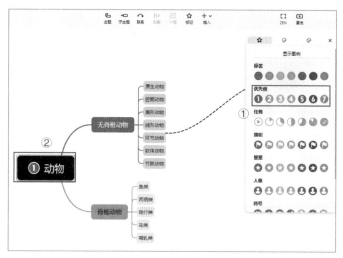

图 6-10

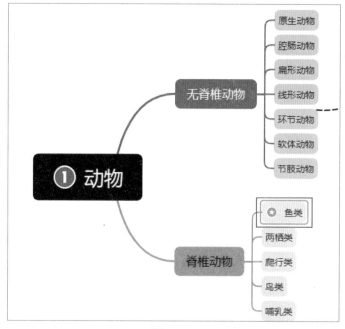

图 6-11

6.2.3 插入对象元素

为了使思维导图中的内容更加详细，在思维导图中可以插入对象元素，可以插入的对象包括笔记、标签、链接、贴纸、插画等。

这里以在思维导图中插入笔记为例，操作步骤如下：

1 打开思维导图，选中子主题【蚯蚓】，单击【插入】下拉按钮，在下拉列表中选择【笔记】选项，如图6-12所示。

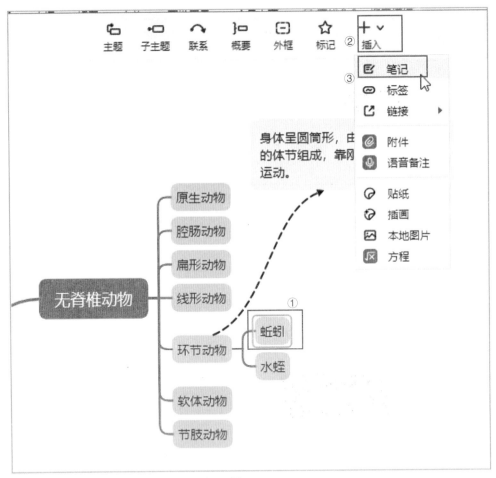

图 6-12

2 在子主题【蚯蚓】中会弹出一个文本框，在文本框中输入文字，如图6-13所示。

③ 文字输入完毕后，在任意空白处单击鼠标，子主题【蚯蚓】被插入笔记后，文字的右边会出现一个小图标，如图6-14所示。

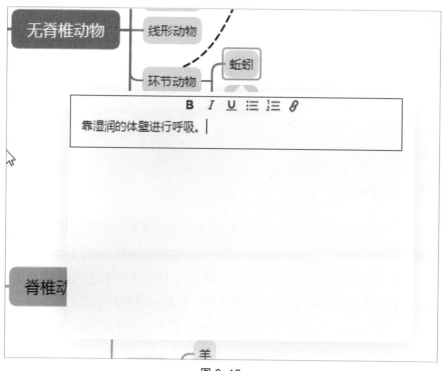

图 6-13

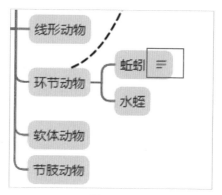

图 6-14

④ 想看插入的笔记，单击该小图标即可，如图6-15所示。

203

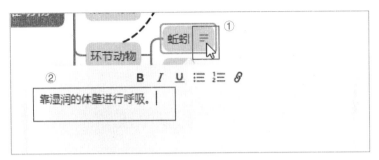

图 6-15

在思维导图中插入标签、链接、贴纸、插画等与插入笔记的操作类似，在此就不再赘述。

6.2.4 设置样式

创建好思维导图之后，还可以对思维导图的样式进行设置，操作步骤如下：

1. 打开创建好的思维导图，选中中心主题【动物】，在右侧的【格式】面板→【样式】中，可以设置相关参数，如图6-16所示。
2. 在【样式】面板中，对【形状】【边框】【文本】【结构】【分支】进行相关设置，如图6-17所示。
3. 设置效果如图6-18所示。

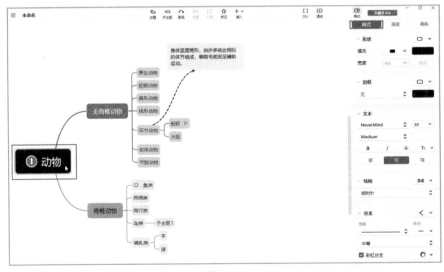

图 6-16

图 6-17

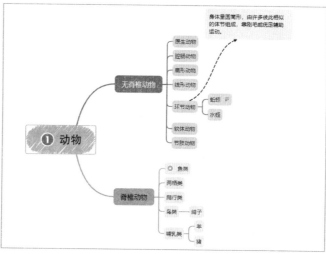

图 6-18

6.2.5 设置画布

创建好思维导图之后，还可以对思维导图的样式进行设置，操作步骤如下：

1. 打开创建好的思维导图，如图6-19所示，在右侧的【格式】面板→【画布】中，单击【骨架】按钮，在弹出的列表中选择【思维导图】中的一种样式，如图6-20所示。

2. 设置效果如图6-21所示。

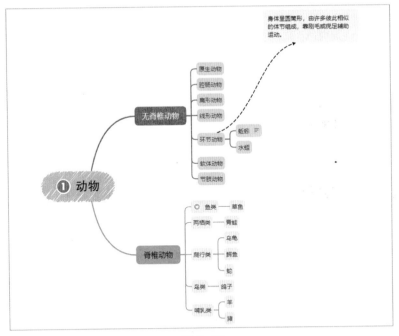

图 6-19

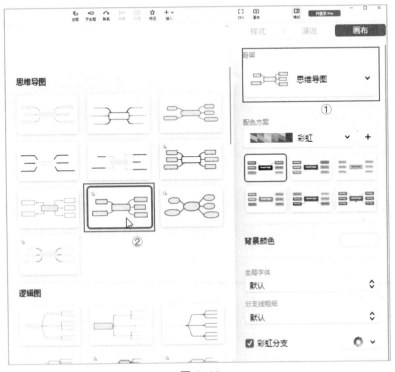

图 6-20

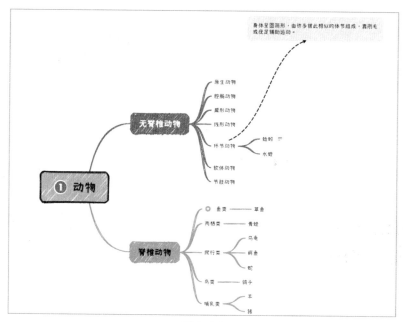

图 6-21

3 对思维导图的配色方案进行设置，单击【配色方案】的下拉按钮，在弹出的选框中选择【缤纷】→【三时】选项，如图6-22所示。

4 应用色彩方案之后的效果，如图6-23所示。

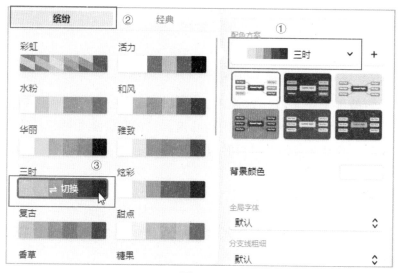

图 6-22

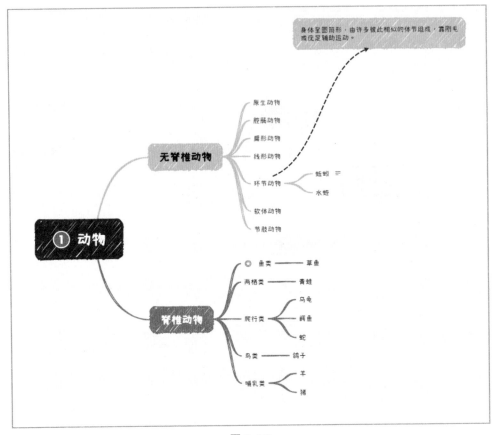

图 6-23

实用贴士

　　画布中除了有思维导图，还提供了其他多种结构可供选择，包括逻辑图、组织结构图、树状图、时间轴、鱼骨图、矩阵图等。比如，项目管理就可以用时间轴。

6.2.6 演说

　　XMind还提供了【演说】功能，能在演说的时候，把思维导图形象生动地展示出来，操作步骤如下：

1 打开创建好的思维导图，选中中心主题【动物】，如图6-24所示。

2 在右侧的【格式】面板中选择【演说】选项卡，单击【更换风格】按钮，在弹出的列表中，选择【灵动气泡】样式，如图6-25所示。

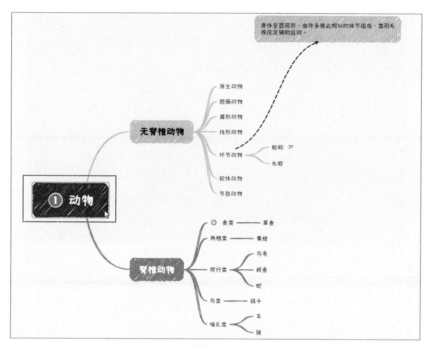

图 6-24

3 在工具栏中单击【演说】按钮，如图6-26所示，即可演示思维导图。

图 6-25

图 6-26

4　演示效果的界面如图6-27所示。

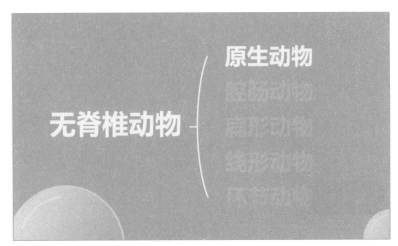

图 6-27

Chapter

07

第 7 章

电脑加速

导读 ▷

长期使用电脑，且不对电脑中不用的文件进行清理，导致磁盘空间被大量占用时，电脑的运行速度就会减慢。另外，电脑如果被病毒入侵，也会导致同样的结果。对电脑进行加速，可以提高工作效率。本章节主要介绍了360安全卫士的使用方法。通过本章学习，读者可以快速学会用360安全卫士为电脑加速的一些应用技巧。

学习要点：★掌握360安全卫士的安装方法
　　　　　★熟练使用360安全卫士对电脑进行杀
　　　　　　毒、垃圾文件清理、系统修复、粉碎
　　　　　　文件、卸载软件等操作

7.1 软件下载与安装

　　360安全卫士是一款功能强大且免费的安全软件，当电脑中存储的文件过多，或者电脑中存在病毒时，使用360安全卫士清理电脑中的垃圾文件和病毒，可以提高电脑的运行速度。这节主要讲360安全卫士的下载和安装。

　　360安全卫士下载和安装的操作步骤如下：

1　打开360安全卫士的官网，下载最新版的软件，如图7-1所示。

图7-1

2　安装包下载后，双击打开安装包，启动安装程序，弹出一个安装对话框，单击【同意并安装】按钮，如图7-2所示。

3　软件安装界面如图7-3所示。

4　软件安装成功后的界面如图7-4所示。

图 7-2

图 7-3

图 7-4

7.2 使用杀毒软件

360 安全卫士的使用方法非常简单，下面将详细介绍杀毒软件的使用方法。

7.2.1 全面体验

全面体验的操作如下：

打开 360 安全卫士，单击【全面体验】按钮，如图 7-5 所示，可以进行全面智能扫描，包括故障检测、垃圾检测、安全检测、速度提升四个方面，如图 7-6 所示。

图 7-5

图 7-6

7.2.2 病毒查杀

电脑病毒对电脑的危害极大，应养成定期对电脑进行病毒查杀的好习惯，及时发现并杀灭病毒，操作步骤如下：

1 打开360安全卫士，单击【木马查杀】按钮，如图7-7所示。

2 进入【木马查杀】界面，单击【快速查杀】按钮，如图7-8所示，即可对电脑进行全面的病毒扫描。

图 7-7   图 7-8

3 病毒扫描结束后，单击【一键处理】按钮，如图7-9所示。

4 病毒查杀结束后，单击【完成】按钮即可，如图7-10所示。

图 7-9   图 7-10

7.2.3 清理加速

长时间不进行磁盘清理，会使磁盘空间被过多文件碎片占据，此时可以定期检查并删除磁盘碎片，操作步骤如下：

1️⃣ 打开软件，单击【清理加速】按钮，如图7-11所示。

2️⃣ 进入【清理加速】界面，单击【Win10优化】按钮，如图7-12所示，开始进行扫描。

图 7-11   图 7-12

3️⃣ 扫描结果如图7-13所示，单击【立即优化】按钮。

4️⃣ 弹出【一键优化提醒】提示框，勾选【全选】复选框，单击【确认优化】按钮，如图7-14所示。

图 7-13   图 7-14

5️⃣ 返回【清理加速】界面，单击【放心清理】按钮，如图7-15所示。

6️⃣ 清理之后，单击【完成】按钮，完成对电脑垃圾的清理，如图7-16所示。

图 7-15　　　　　　　　　　　　图 7-16

7.2.4 **系统修复**

360 安全卫士对电脑进行系统修复的操作步骤如下：

1　打开软件，单击【系统·驱动】按钮。

2　进入【系统·驱动】界面，单击【一键修复】按钮，如图7-17所示，开始进行扫描。

3　扫描结束后，单击【一键修复】按钮，如图7-18所示。

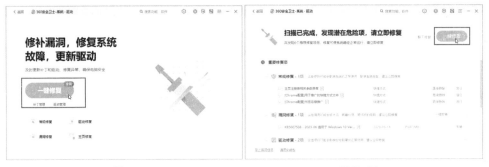

图 7-17　　　　　　　　　　　　图 7-18

4　修复之后，单击【完成】按钮，完成对电脑系统的修复，如图7-19所示。

图 7-19

7.2.5 粉碎文件

有些文件占用磁盘空间，用普通的删除键又删除不掉，这时可以用360安全卫士对文件进行粉碎，操作步骤如下：

1. 选择要粉碎的文件，单击鼠标右键，在弹出的快捷菜单中选择【使用360强力删除】命令，如图7-20所示。

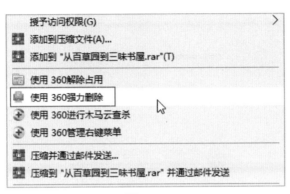

图7-20

2. 弹出【文件粉碎机】对话框，单击【粉碎文件】按钮，如图7-21所示。

图7-21

3. 弹出一个提示框，提示【文件将被彻底删除，确定要粉碎选定的文件（文件夹）吗？】，单击【确定】按钮，如图7-22所示。

图 7-22

4 文件被粉碎后,【文件粉碎机】对话框界面提示如图7-23所示。

图 7-23

被粉碎的文件不可恢复,在使用粉碎文件功能的时候一定要谨慎,不要把文件给误删了。

7.2.6 卸载软件

电脑中不常用的软件安装太多,也会占用大量的磁盘空间,影响电脑的运行速度,所以要时常卸载那些没有用的软件。用 360 安全卫士卸载软件的

操作步骤如下:

1 打开360安全卫士,单击【软件管家】按钮,如图7-24所示。

图 7-24

2 进入【软件管家】界面,单击界面左侧的【软件卸载】选项,右侧会显示电脑中所安装的软件的列表,在要卸载的软件右侧单击【一键卸载】按钮,如图7-25所示。

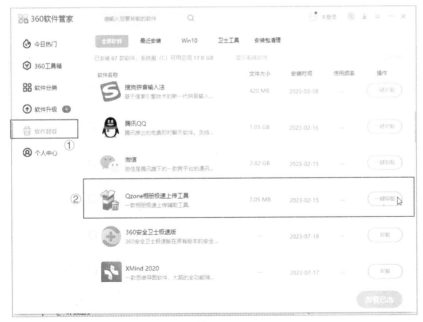

图 7-25

3 软件卸载完成后的提示如图7-26所示。

图 7-26

Chapter

08

第 8 章

故障维修

计算机用久了，会出现故障，懂得一些计算机故障
维修的基本知识，可以使电脑恢复正常工作。本章主要
介绍了计算机故障产生的原因及维修方法。通过本章学
习，读者可以快速掌握计算机故障的一些维修方法。

 导读 ▷

学习要点：★ 了解产生故障的原因
★ 掌握维修计算机的基本原则
★ 掌握计算机故障的常用检测方法
★ 了解常见的故障

8.1 产生故障的原因

计算机硬件损坏、系统不兼容、使用和维护不当以及病毒破坏等因素，都会导致计算机出现故障，找出计算机出现故障的原因是维修计算机的第一步。

计算机出现故障的原因主要有以下几点：

1.硬件质量问题

计算机的硬件质量参差不齐、电子元件质量差、电路设计出现缺陷，都会导致计算机在使用过程中容易出现故障。硬件故障通常会造成电脑无法开机，修复此类故障，需要更换故障部件。

2.兼容性问题

自己组装的计算机，软件和硬件都不是由同一个厂家生产的，虽然这些产品大部分情况下是相互支持的，但仍有部分产品存在兼容性问题。兼容性问题可以分为硬件兼容问题和软件兼容问题，硬件兼容问题换硬件才能解决，软件兼容性问题安装补丁软件即可解决。

3.电源工作不良

电源工作不良是指电源供电电压不足或电源功率较低或不供电，电源工作不良通常会造成无法开机、电脑不断重启等故障。修复此类故障通常需要更换电源。

4.操作不当

操作不当通常是指误删文件或者非法关机等，这些不当的操作通常会造成电脑程序无法运行或电脑无法启动。修复此类故障只要将删除或损坏的文件恢复即可。

5.感染病毒

病毒感染会使计算机运行速度慢、死机、蓝屏、无法启动系统、系统文件丢失或损坏等。修复此类故障需要先杀毒，再恢复被破坏的文件。

实用贴士

概括起来引起电脑产生故障的原因有硬件原因也有软件原因。一般情况下硬件出现问题时，电脑是无法开机的，这个时候处理方式就是更换硬件。不过，电脑出现的大部分问题是软件问题，用修复工具进行修复或者重装系统即可。

8.2　计算机维修基本原则

引起电脑出现故障的原因有很多，无论从硬件上排查还是从软件上排查，难度都不小。当出现故障时，不能盲目进行维修，一定要遵循基本的维修原则，这样才能更快地找到故障所在。

计算机维修的基本原则一般包含以下几个：

1.先软后硬

计算机出现的故障，可能是软件故障，也可能是硬件故障。由于排查软件故障比排查硬件故障更容易，所以在做计算机故障排查时应遵循"先软后硬"的原则。

2.先外后内

排查计算机的外部配件，如打印机、键盘、鼠标等设备的故障，不需要拆卸机箱，所以排查故障时应遵循"先外后内"的原则。先排查计算机机箱外的设备，再排查机箱内的设备，尽可能不在排除故障的过程中造成更大的故障。

3.先电源后部件

计算机要想开机运行，首先电源要能正常供电，所以应先查看电源连接是否有电、电源连接是否松动、电压是否稳定等，然后检查各硬件的供电及数据线连接是否正常。

4.先简单后复杂

简单的故障容易被发现，也容易维修，所以维修计算机时，应先排查简单的故障，再处理较难的故障，这样可以节省时间。

8.3 计算机故障的常用检测方法

发现计算机出现故障后,需要通过一些检测方法来判断计算机的故障类型,然后再进行维修。

计算机故障常用的检测方法有以下几种:

1.观察法

直接观察法是指通过用眼睛看、用手指摸、用耳朵听和用鼻子闻等方法来判断计算机产生故障的位置和原因。通常观察的内容包括计算机元件的温湿度,是否有气味,电脑上的灰尘是否较多,电脑是否有异常的声音等。

2.POST卡测试法

通过 POST 卡、诊断测试软件可以快速准确地了解计算机的故障所在。常用的诊断测试软件有 Windows 优化大师和 PCMark 等。用诊断测试卡检测计算机,检测结果会以代码的形式显示出来,结合诊断卡的代码含义可快速了解计算机故障所在。

3.清洁灰尘法

计算机在使用过程中，机箱内部容易积聚灰尘，这样会使计算机散热困难，部分元器件接触不良或者工作不稳定。清洁主板、显卡等电子元件，有利于排除故障，并找到原因。

4.插拔法

插拔法是将主板、CPU、内存或者显卡等电子元器件拔出，若电脑故障消失，则证明故障出现在这些电子元器件上，操作简单，是常用的检测故障的方法之一。此外，这种方法还能解决一些由于板卡与插槽接触不良所造成的故障。

5.对比法

这种方法通常在企业中使用，因为企业使用的计算机配置相同，让出现故障的计算机与正常运行的计算机对比，在执行相同操作的时候，对比两台计算机的不同表现，从而找出故障所在。

6.替换法

替换法是用正常的配件去替换可能有故障的配件，如果替换配件后，故障消失，则证明故障出现在这个配件上。

7.最小系统法

最小系统包括硬件最小系统和软件最小系统。硬件最小系统是指能使计算机开机运行的最基本的硬件系统，包括电源、主板、CPU、内存、显卡和显示器。软件最小系统是指能使计算机开机运行的最基本的软件系统，一般最小软件系统只有一个操作系统，而没有其他任何应用软件。如果计算机不能在最小系统中正常运行，则故障在最小系统中。如果能在最小系统中正常运行，则故障不在最小系统中。

8.4 常见的故障

计算机可能出现的故障有很多种，常见的故障有宕机、蓝屏和自动重启等。下面主要介绍一下产生这些故障的原因以及诊断排除方法。

8.4.1 宕机故障

宕机是指计算机的操作系统长时间无响应，鼠标、键盘无法输入，打开的软件无法正常运行也无法关闭等情况。

造成宕机的原因及诊断排除方法如下：

1.BIOS设置不当

BIOS 是 "Basic Input Output System" 的缩略词，用中文翻译过来就是 "基本输入输出系统"。

原因：硬盘参数设置不当、模式设置不当、内存设置不当等都会导致计算机宕机。

　　诊断排除方法：如果计算机在设置 BIOS 后出现宕机，处理方法是把 BIOS 设置改回来，在忘记之前的设置项的情况下，选择 BIOS 中的"载入标准预设值"恢复即可。

2.灰尘过多

　　原因：机箱内灰尘过多，会腐蚀电路及接口，造成设备间接触不良。另外，软驱磁头或光驱磁头上的灰尘过多，会导致读写错误，严重时会引起计算机宕机。

　　诊断排除方法：检查机箱是否干净，如果灰尘比较多，应及时清理。

3.内存条故障

　　原因：内存条松动、质量不过关、内存容量不足等，都会导致计算机宕机。

　　诊断排除方法：检查内存条是否松动，如果松动，设法把它固定住；如果内存条质量差或者容量不足，那就要替换合适的内存条。

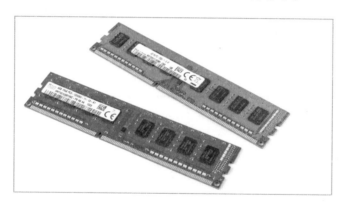

4.CPU超频

一般来说，每个 CPU 都有其额定的主频、外频和倍频，人为提高 CPU 的外频或倍频，使 CPU 的运行频率得到大幅提升，就是 CPU 超频。

原因：CPU 超频会使系统的性能变得极其不稳定，因为超频加剧了在内存或虚拟内存中找不到所需数据的矛盾，从而可能导致宕机。

诊断排除方法：如果判定是由 CPU 超频引起的宕机，那么恢复 CPU 的频率即可。

5.感染病毒

原因：计算机如果感染了病毒，可能会执行大量的命令，使计算机处于超负荷的运行状态，有可能导致宕机。

诊断排除方法：如果判断可能是由病毒引起的宕机，那就要用杀毒软件查杀病毒，再重启电脑。

6.散热不良

原因：计算机的某些部件发热量很大，通风不好，会导致热很难散发出去，从而导致计算机宕机。

诊断排除方法：检查计算机中 CPU 的风扇是否转动，风力如何，如果风扇的散热效果不佳，要及时更换风扇，或使用散热器改善计算机周围的散热环境。

7.启动的程序过多

原因：同时运行多个程序会消耗大量的系统资源，如果某些程序需要的数据在内存或者虚拟内存中找不到，会出现异常错误，从而导致宕机。

诊断排除方法：不要启动过多的程序，尤其是大型的软件，不使用的时候，要及时关闭。

8.非正常关闭计算机

原因：强制切断电源等非正常关闭计算机的操作，可能会破坏系统文件，从而导致计算机宕机。

诊断排除方法：按照规范的操作方法关闭计算机，不要强制关闭电源。

9.系统文件遭到破坏或被误删

原因：如果系统文件遭到破坏或被误删除，即使在 BIOS 中各种硬件设置正确无误，也会造成宕机或无法启动。

诊断排除方法：删除文件一定要谨慎，不清楚的系统文件不要删除。

8.4.2 蓝屏故障

蓝屏故障是一种比较特殊的宕机故障，造成蓝屏的原因及诊断排除方法如下：

1.原因不明

原因：有时计算机会突然出现蓝屏，不知道是什么原因导致的。

诊断排除方法：有些蓝屏故障可能是某个程序偶然出错引起的，重新启动计算机即可恢复。

2.内存不足

原因：内存不足可能会导致蓝屏故障。

诊断排除方法：删除系统产生的临时文件、交换文件释放硬盘空间，或者替换内存较大的内存条。

3.CPU超频或显卡超频

原因：计算机 CPU 超频或显卡超频，可能导致蓝屏故障。

诊断排除方法：恢复 CPU 或显卡的工作频率。

4.感染病毒

原因：有些计算机病毒，如"冲击波""震荡波"等，侵入计算机会导致蓝屏故障。

诊断排除方法：用杀毒软件查杀病毒。

目前，对硬件进行检测的免费软件有鲁大师、360硬件大师、驱动精灵等。下载安装鲁大师启动软件，可以查看硬件的相关信息，包括型号、生产日期和生产厂商等。用鲁大师也可以对硬件进行温度压力测试以及其他性能测试等。